多目标 DNA 核酸编码优化算法

张　凯　著

科学出版社

北　京

内 容 简 介

本书主要介绍 DNA 计算核酸编码原理及方法,具体包括:DNA 计算的研究进展和背景,DNA 计算的生物化学基础,DNA 编码问题及其复杂性分析,DNA 二级结构预测和最小自由能模型,隐枚举核酸序列编码算法,DNA 编码在图着色 DNA 计算中的应用,并提出 DNA 计算的高效编码算法,从而提高 DNA 计算的可靠性、有效性和可扩充性。

本书可供从事 DNA 计算、纳米结构设计、分子自组装、高性能的计算的研究学者和学生阅读参考。

图书在版编目(CIP)数据

多目标 DNA 核酸编码优化算法 / 张凯著. —北京:科学出版社,2019.10
ISBN 978-7-03-062454-3

Ⅰ. ①多⋯ Ⅱ. ①张⋯ Ⅲ. ①脱氧核糖核酸—计算方法—编码—研究 Ⅳ. ①O157.4

中国版本图书馆 CIP 数据核字(2019)第 213755 号

责任编辑:杜　权 / 责任校对:高　嵘
责任印制:张　伟 / 封面设计:苏　波

科 学 出 版 社 出版
北京东黄城根北街 16 号
邮政编码:100717
http://www.sciencep.com

北京凌奇印刷有限责任公司 印刷
科学出版社发行　各地新华书店经销
*
2019 年 7 月第 一 版　开本:B5(720 × 1000)
2022 年 11 月第三次印刷　印张:8
字数:160 000
定价:**55.00 元**
(如有印装质量问题,我社负责调换)

前　　言

DNA 计算是一种以 DNA 分子作为计算介质，以生物化学反应作为计算工具的新型计算方法。凭借着极大的存储密度和高度并行性，这种基于生物分子的计算模式，在求解复杂的组合优化 NP 完全问题时显示出了极大潜力。

DNA 计算首先是对核酸序列进行编码，将现实问题映射到核酸分子上，然后通过生物试验获得代表问题解的核酸分子。核酸编码质量的优劣决定了 DNA 计算的效率，核酸编码数量的多少决定了 DNA 计算可求解问题的规模，因此核酸编码是 DNA 计算研究中的重要课题。该研究是 DNA 计算、DNA 纳米结构设计等研究领域的重点和难点，研究成果将提高 DNA 自组装技术的规模和可靠性，并为分子传感器、靶向基因治疗、分子标记等其他工程应用提供可靠的理论和技术支持。

本书全面系统地介绍 DNA 计算核酸编码原理及方法，集中涵盖作者近年来在该领域内的研究成果。围绕 DNA 计算目前最需解决的提高 DNA 计算的可靠性、有效性和可扩充性这三个基本问题，提出了 DNA 计算的高效编码算法。

全书主要内容包括：DNA 计算的研究进展和背景，DNA 计算的生物化学基础，DNA 编码问题及其复杂性分析，DNA 二级结构预测和最小自由能模型，隐枚举核酸序列编码算法，DNA 编码在图着色 DNA 计算中的应用。

本书的出版得到了国家自然科学基金"基于 DNA 分子自组装技术的 DNA 核酸编码设计研究"（61472293）的资助，在此表示感谢。在本书的撰写和出版过程中还得到了科学出版社的支持和帮助，在此一并表示衷心的感谢。

限于著者的水平，书中不足之处在所难免，恳请广大读者和专家指正。

张　凯

2019.1.12

目　　录

第1章 绪 论

1.1 DNA 计 算

1.1.1 DNA 计算的产生和特点

随着现代社会的飞速发展，信息量的急剧增多，电子计算在面对现实生活中种种复杂问题和巨型系统的分析时，渐渐也出现了吃力的现象。特别是对于多项式复杂程度的非确定性问题，如图顶点着色问题、旅行商问题、遗传算法解决作业调用问题、哈密顿路径问题等，电子计算机显得无能为力。现有的算法对这些问题也没有很好的办法，但是采用并行且高速的计算方式来代替电子计算机的串行计算方式是一个很可行的办法。

1994 年，美国加州大学的 L.M.Aldeman[1]教授成功应用脱氧核糖核酸（deoxyribonucleic acid，DNA）分子计算技术求解了 7 顶点的有向哈密顿（Hamilton）路径问题，试验的成功引起了学术界对这种新型计算方式的关注。其后，维斯康星大学、普林斯顿大学、斯坦福大学等相继开展了相关的研究工作，使 DNA 计算成为一个新的热门研究领域。在 1995 年的第一届 DNA 计算与分子编程国际会议上，科学家们充分肯定了 DNA 计算的可行性，普遍认为一旦 DNA 计算机研制成功，电子计算机将难以望其项背。

DNA 计算是一种新型的计算方式，与电子计算机相比，有如下几个优点。

（1）高度并行性。1mol DNA 溶液中含有 1×10^{23} 个分子，DNA 分子计算中的每个 DNA 分子都相当于一个中央处理器（central processing unit，CPU），大量 DNA 分子同时计算使 DNA 分子计算机具有极高的并行性。

（2）海量的存储能力。DNA 作为生物遗传信息的存储地，可以存储非常大的信息量，其信息存储密度可达到录像带存储密度的 1×12^{12} 倍。

（3）低能耗。DNA 分子之间的反应所需要的能量非常小，在同等运算量下，DNA 计算机所消耗的能量是大型电子计算机的 $1/10^9$。

（4）DNA 分子资源丰富。自然界的 DNA 分子资源随处可见，而且 DNA 提取技术非常成熟，DNA 计算机完全不需担心资源不足的情况。

1.1.2　DNA 计算的基本原理

DNA 的中文名称是脱氧核糖核酸，是一种高分子化合物，经过水解之后得到多种脱氧核糖核苷酸。脱氧核糖核苷酸分子结构如图 1.1 所示，每个脱氧核糖核苷酸由三部分组成：一个分子的戊糖，一个含氮的碱基（图 1.1 中的 B）和一个分子的磷酸组成[2-3]。戊糖分子中的五个碳原子按其顺序标号为 1′，2′，3′，4′ 和 5′，以示区分。磷酸基与碳 5′ 相连，碱基与碳 1′ 相连。

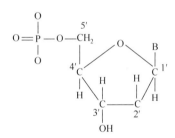

图 1.1　脱氧核糖核苷酸分子示意图

DNA 的碱基有四种，分别是腺嘌呤（Adenine）、胞嘧啶（Cytosine）、鸟嘌呤（Guanine）和胸腺嘧啶（Thymine），简记为 A、C、G、T，碱基分子结构如图 1.2 所示。DNA 水解之后有四种脱氧核糖核苷酸（dAMP、dCMP、dGMP、dTMP），它们通过有规律的 $5′ \rightarrow 3′$ 的磷酸二酯键连接形成多核苷酸，即为 DNA 单链，也即 DNA 一级结构。四种脱氧核糖核苷酸之间仅仅只是碱基的不同，则由它们连接而成的 DNA 单链则可用碱基序列表示。

DNA 二级结构即双螺旋结构模型，由一条 $5′ \rightarrow 3′$ 的 DNA 单链和一条 $3′ \rightarrow 5′$ 的 DNA 单链平行盘旋而成。两条 DNA 单链之间通过氢键连接，形成碱基对，其

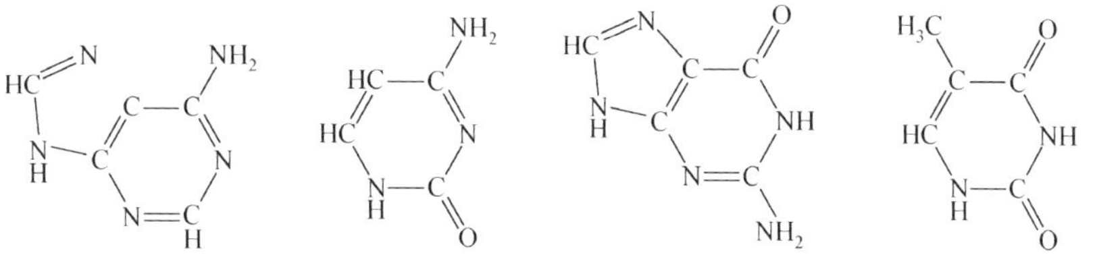

腺嘌呤(Adenine)　　胞嘧啶(Cytosine)　　鸟嘌呤(Guanine)　　胸腺嘧啶(Thymine)

图 1.2　DNA 碱基分子结构

配对规律为腺嘌呤（A）和胸腺嘧啶（T）配对，鸟嘌呤（G）和胞嘧啶（C）配对，这就是碱基的互补配对原则，也称沃森-克里克（Watson-Crick）碱基配对。DNA 的碱基互补是 DNA 分子计算的基础。

　　DNA 双螺旋结构在一定条件下可以解链为 DNA 单链结构，称为 DNA 变性；DNA 单链在适当条件下可以重新全部或部分恢复到双螺旋结构，称为 DNA 复性。DNA 单链之间如果存在碱基互补配对区域，无论是整条链全部互补配对，或是部分互补配对，都可以形成双链或部分双链结构，这就是 DNA 分子杂交。

　　DNA 计算是通过生物化学手段控制 DNA 分子之间的杂交反应，从而达到计算的效果的。DNA 计算涉及的生物化学操作主要有：①聚合酶链式反应（polymerase chain reaction，PCR）；②凝胶电泳分离；③DNA 链的外切；④DNA 链的内切；⑤DNA 链的连接；⑥特定 DNA 分子的提取；⑦DNA 序列的测定。

　　DNA 计算的基本思想是：首先利用 DNA 双链结构和碱基的互补配对原则，按照一定的规则将原始问题的数据映射为 DNA 分子链；然后在相关酶的作用下，对 DNA 分子链进行可控的生化操作，生成新的 DNA 片段，最后利用 DNA 分子提取技术得到特定的 DNA 分子段，即为原问题的解。DNA 计算的主要步骤如图 1.3 所示。

　　（1）编码。将原始问题进行编码，映射到一个 DNA 分子集合。

　　（2）计算过程。利用生物化学手段控制 DNA 分子反应过程，生成可能的解空间。

　　（3）解的分离和读取。使得纳米尺度下的原问题的解变得可见。

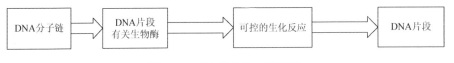

图 1.3　DNA 计算的一般步骤

1.1.3　DNA 计算中的编码问题

　　DNA 分子计算中的 DNA 分子杂交分为特异性杂交和非特异性杂交，特异性杂交是指两条杂交的 DNA 单链之间的碱基完全互补配对，可以形成稳定的 DNA 双螺旋结构，而除此之外的杂交反应都是非特异性杂交反应。DNA 计算中的计算过程主要是控制 DNA 分子之间进行特异性杂交反应，所以特异性杂交反应是 DNA 计算可靠性的来源。DNA 编码质量直接影响着 DNA 分子之间的杂交反应是否按照预期进行，而且编码数量直接决定了 DNA 计算的规模大小。

　　DNA 编码是 DNA 计算的第一步，是 DNA 计算的首要问题。随着 DNA 计算的研究的不断深入，DNA 编码问题的重要性越来越明显。DNA 编码问题在一定程度上决定了 DNA 计算的发展未来。

1.2　DNA　编　码

1.2.1　DNA 编码算法的研究现状

　　自从 1994 年 Adleman 成功将 DNA 分子计算应用到 7 顶点图着色问题上之后，这种计算模型就变成了一个非常热门的研究领域。因此，大量的学者使用不同的方法来获取用于 DNA 计算的可靠的 DNA 序列集合。近年来，有许多不同类型的方法被应用于解决 DNA 编码问题，其中最简单的是穷举法[4]和随机搜索法[5]，但是它们都不是有效的策略，因为需要耗费太多的计算资源。

　　其他学者采用模板-映射方法，在一个很大的 DNA 序列集合中选择出不同的 DNA 序列[6]。2001 年，FeldKamp 利用有向图来生成有限的序列[7]，限制定长子序列仅允许出现一次，使设计的 DNA 序列尽可能唯一，这种编码方法可以有效地控制编码间的相似程度。另外，Marathe 等将动态算法应用到基于汉明距离（hamming distance，h-dist）和自由能的 DNA 编码设计中[8]。

然而，不同于前面所介绍的方法，近年来应用于 DNA 编码问题的大多数是基于生物的方法和进化算法（evolutionary algorithms，EA）。2001 年 Tanaka 等用模拟退火的方法生成了可靠的 DNA 编码序列[9]，他们尝试将不同的生物化学约束组合成一个适应度函数，从中寻找可能的解。2002 年 Deaton 等提出一个机遇 PCR 规则的方法[10]，在试管中选择 DNA 序列。其他的生物学方法通过 DNA 二级结构的力学性质或者最小自由能来生成可靠的 DNA 序列集合。实际上，在近年发表的大量算法中，进化算法被最广泛地应用于解决 DNA 编码问题。

近年来的进化算法研究的焦点在于根据一个或多个设计目标，采用特殊的进化策略来生成 DNA 序列。1998 年，Deaton 将序列之间的汉明距离作为适应度设计标准[11]。在 Zhang 的工作中，迭代遗传搜索方法被用于 DNA 编码序列设计[12]。2000 年，Arita 等基于四个编码（汉明距离、GC 含量、相似性和 H-measure），采用遗传算法开发了 DNA 编码序列设计系统[13]。2002 年，Shin 等基于六个设计标准，设计了一个基于多目标进化算法的 DNA 编码设计系统（NACST/Seq）[14]，并在 2005 年对其进行了改进[15]。虽然这些算法都考虑了多个编码标准，但是它们都是通过加权的方式将多目标转化成单目标的方式来处理的。2008 年，Xu 等将 DNA 编码问题真正看成多目标问题，通过遗传算法和粒子群算法设计了 DNA 编码序列[16]。2008 年，Kurniawan 等将粒子群算法应用到了 H-measure 的最小化设计之中[17]，并在 2009 年提出了蚁群算法来解决 DNA 编码问题[18]。另一方面，2009 年，Wang 等改进了 NSGA-II，开发了 DNA 编码设计系统[19]。2010 年，Zhang 等基于最小自由能，应用改进的动态遗传算法设计出了 DNA 序列[20]。2011 年 Muhammad 等提出了改进的二进制粒子群算法[21]。2012 年，Ibrahim 等提出了一种向量评价粒子群算法[22]，利用四个种群分别寻找 DNA 编码序列四个目标函数的最优值，相互之间用粒子群的全局最优值来进行通信。2013 年 Mantha

等改进了模拟退火算法[23]，Chave 等提出了基于人工蜜蜂群体智能算法[24]和基于萤火虫的群体智能算法[25]，还设计了一种特异多目标进化算法[26]，来解决 DNA 编码问题。2014 年，胡娟等用人工鱼群遗传算法生成了有效的 DNA 编码序列[27]。2015 年，郑学东等使用基于聚类小生境的遗传算法对 DNA 编码序列设计问题进行了求解[28]。2016 年，Peng 等采用微遗传算法设计了 DNA 编码序列[29]，杨改静等使用基于小生境排挤机制的入侵杂草算法来设计 DNA 编码序列[30]，谭莉等在单链 DNA 架构中引入 h-dist 因子，使用小种蚁群算法来求解 DNA 编码问题[31]。

进化算法对于处理 DNA 编码问题中的多个设计标准有很好的效果，尽管近年来解决 DNA 编码问题的进化算法有很多，但是也有许多不同的算法不断涌出，如 2017 年，Shakhari 根据一套序列分析工具，设计了一个 DNA 序列生成器[32]，2017 年，Tahir 等设计了一种基于多线程的二进制编码片段的高效模板匹配方法[33]。

总之，在 DNA 编码设计方法的研究中，进化算法居多。在多目标进化算法求解 DNA 编码问题时，一般将一组 DNA 序列作为进化种群的一个个体，进而求解出多个相互之间不能比较的最优解的集合，也称非支配解集。但是 DNA 编码序列设计的最终目的是要找出一组能实际应用到 DNA 计算中的 DNA 序列，而在非支配解集中的大多数解是不能用于实际 DNA 计算的。

本书提出的多目标粒子群算法将 DNA 单链作为个体，然后从种群中选出一组个体作为 DNA 编码问题的解。实验证明，相比于传统多目标进化算法，本书算法求解出的 DNA 编码序列的质量更高。

1.2.2 DNA 编码问题的约束条件

为了确保找到能够实际应用于 DNA 计算中的 DNA 编码序列，研究学者们针对不同的情况，提出了 DNA 编码序列不同的约束条件，如解链温度（melting temperature，Tm）、GC 含量（GC）、汉明距离（h-dist）、相似度（similarity）、H-measure、发卡结构（hairpin）、连续性（continuity）、自由能（free energy）、生物实验方法（bio-lab methods）、特殊子序列（special subsequence）等，表 1.1 列举了诸多文献中使用的约束条件。

表 1.1　DNA 编码算法研究文献与其采用的约束条件

年份和文献	约　束　条　件	使用的方法
1999-[4]	Tm，GC，Hairpin	穷举策略
2001-[7]	Tm，Similarity，H-measure，special subsequence	模板-映射
2001-[8]	Tm，free energy，H-measure	
2001-[9]	Tm，similarity，hairpin	图论
1998-[11]	Tm，similarity，H-measure，hairpin，continuity	随机策略
2002-[10]	h-dist，free energy	动态规划
2003-[5]	bio-lab methods	随机搜索
1998-[12] 2002-[34]	Tm，free energy，bio-lab methods	生物方法
2000-[13]	h-dist，similarity，hairpin，Tm	进化算法（EA）
2002-[14]	h-dist，similarity，hairpin，Tm	
2005-[15]	h-dist，H-measure，GC，similarity	
2008-[16]	similarity，continuity，hairpin，H-measure	
2008-[17]	continuity，hairpin，H-measure，similarity，Tm，GC	
2008-[35]，2009-[18]，[19]	h-dist，hairpin，H-measure，continuity，GC，Tm	
2010-[20]	continuity，hairpin，similarity，H-measure	
2009-[36]，2011-[21]	continuity，h-dist，GC，Tm，hairpin	
2010-[22]	free energy，GC，continuity，hairpin	
2010-[37]	GC，continuity，hairpin，h-dist	
2011-[38]，2012-[39]	continuity，hairpin，H-measure，similarity，Tm，GC	
2012-[40]	continuity，hairpin，H-measure，similarity，Tm，GC	
2014-[26]，[27]，2015-[28]	continuity，hairpin，H-measure，similarity，Tm，GC	
2015-[41]，2016-[29]	continuity，hairpin，H-measure，similarity，Tm，GC	
2015-[42]，2016-[30]	continuity，hairpin，H-measure，similarity，Tm，GC	
2017-[32]，[33]	continuity，hairpin，H-measure，similarity，Tm，GC	
2002-[34]	continuity，H-measure，similarity，Tm，GC	其他

如果想要设计出好的 DNA 序列，应尽量满足上述约束条件。在这些约束条件中，有些是相互冲突的，有些是相互重叠的，所以在实际 DNA 编码过程中需要根据实际情况选择合适的编码约束条件。这些编码约束条件可以分为四类：

（1）防止非特异性杂交。在 DNA 编码设计过程中，可以通过控制 DNA 序列之间的距离来防止 DNA 分子之间的非特异性杂交。这一类约束包括汉明距离约束、相似度约束、H-measure 约束等。

（2）控制二级结构。DNA 二级结构除了双螺旋结构，还包括 DNA 单链自身杂交的结构，而这种结构在 DNA 计算中是不期望看到的，可以通过发卡结构约束和连续性约束来控制。

（3）控制化学特性。在 DNA 计算的生化反应要求 DNA 分子具有一致的化学特性，这些可由自由能、解链温度以及 GC 含量来控制。

（4）限制 DNA 序列。这一类约束主要限制 DNA 序列的碱基组成，在有些实际的问题中，需要限定 DNA 子序列来达到某种效果，比如限定 DNA 分子的末端为 T，能够更有效地通过 PCR 技术进行扩增。

在 DNA 编码序列设计研究进展中，虽然学者们使用了多种不同的 DNA 编码约束组合，但是在近几年的研究文献中，学者们选用的编码约束组合基本都是 Continuity、Hairpin、H-measure、Similarity、Tm、GC 这六个指标。因此，本书也选用这六个编码约束指标作为标准，同时对它们进行分析，将这六个编码约束分成三类分别处理，将 DNA 编码问题转化为不带约束的多目标优化问题，采用一种动态多目标粒子群优化算法加以解决。

第 2 章 DNA 编码约束条件与传统多目标粒子群算法

DNA 编码问题是典型的多目标优化问题，本章首先介绍多目标优化问题的定义和相关多目标优化算法，然后介绍粒子群算法的基本概念、算法流程，基于粒子群的多目标优化算法的思路，以期从中获取解决 DNA 编码问题的灵感。最后，将 DNA 编码的六个约束条件分为三类，并分别进行处理，将其全部转化成对单链 DNA 的约束，同时给出 DNA 编码问题的数学描述。

2.1 DNA 编码约束

DNA 计算主要通过单链 DNA 分子之间的杂交来实现。在计算过程中，单链 DNA 分子之间相互杂交，形成较长的 DNA 分子。但是单链 DNA 分子之间需要按照特定的方式进行特异性杂交，尽量避免其他可能出现的非特异性杂交。所以在 DNA 编码过程中，需要考虑一些基本约束条件，来防止非特异性杂交的出现。

2.1.1 DNA 编码约束的分类

从 1.2.2 小节可以看出，DNA 编码约束条件有很多，它们之间有的是相互冲突的，也有的是重叠的。本章选取 H-measure 约束、相似度约束、发卡结构约束、连续性约束、GC 含量以及解链温度作为研究 DNA 编码问题所需满足的约束条件。H-measure 约束和相似度约束可以很好地表述 DNA 分子之间的汉明距离，防止 DNA 分子之间的非特异性杂交。发卡结构约束和连续性约束可以防止不期望的 DNA 分子二级结构，GC 含量和解链温度可以使 DNA 分子在 DNA 计算过程中具有相似的化学特性。下面，我们将给出这六个约束条件的详细定义和数学模型。

在定义 DNA 编码约束的数学模型之前，我们有如下约定：

（1）核酸碱基和它们之间的空隙的集合为 $\Lambda = \{A, C, G, T, -\}$，其中 – 表示碱基间的一个空隙。

（2）不包含空隙的碱基集合为 $\Lambda_{nb} = \{A, C, G, T\}$，则所有的 DNA 序列都可用 Λ_{nb}^{*} 来表示。

（3）设 a, b 为碱基，x, y 为碱基序列，则 $a, b \in \Lambda$，$x, y \in \Lambda^{*}$。

（4）碱基序列 x 的长度为 $l = |x|$，则 $x_i (1 \leq i \leq |x|)$ 表示从 5' 端开始的第 i 个碱基。

（5）设 Σ 为长度都为 l 的 n 个 DNA 序列的集合，则第 i 个 DNA 序列表示为 Σ_i。

（6）$\bar{a}$ 表示与碱基 a 互补的碱基。

（7）相关函数：

$$bp(a,b) = \begin{cases} 1, & a = \bar{b} \\ 0, & \text{otherwise} \end{cases} \tag{2-1}$$

$$eq(a,b) = \begin{cases} 1, & a = b \\ 0, & \text{otherwise} \end{cases} \tag{2-2}$$

$$T(i,j) = \begin{cases} i, & i > j \\ 0, & \text{otherwise} \end{cases} \tag{2-3}$$

（8）对于一个给定的序列 $x \in \Lambda^{*}$，其不含空隙的碱基个数为

$$\text{length}_{nb}(x) = \sum_{i=1}^{l} nb(x_i) \tag{2-4}$$

式中，

$$nb(a) = \begin{cases} 1, & a \in \Lambda_{nb} \\ 0, & \text{otherwise} \end{cases} \tag{2-5}$$

1. 相似度约束

相似度约束和 H-measure 约束都是基于汉明距离的约束条件，在介绍相似度约束和 H-measure 约束之前，我们需要了解汉明距离。

1）汉明距离

汉明距离是指两条 DNA 序列对应位置碱基不同的个数，通过控制汉明距离的大小，可以有效降低 DNA 分子之间的非特异性杂交。汉明距离越大，说明两条 DNA 序列 X 和 Y 之间的不同碱基个数越多，则在 DNA 计算过程中 X 和 Y 的补序列 Y^C 之间的互补碱基就越少，X 和 Y^C 的之间发生非特异性杂交的可能性越小。

如图 2.1 所示，长度为 20 的 DNA 序列 X 与 Y 的汉明距离仅为 4，则 X 与 Y^C 发生杂交的可能性就比较大。

图 2.1　汉明距离示意图

2）相似度约束的计算

相似度约束是指两条 DNA 序列之间碱基组成的相似程度。通过控制 DNA 序列 X 和 Y 的相似度，可以有效防止 X 和 Y^C 之间发生非特异性杂交。相似度约束是基于汉明距离的约束条件，但是相较于汉明距离，相似度约束还考虑了如下三点：

（1）移位。假设 DNA 序列 X 和 Y 之间的汉明距离很大，但是将 Y^C 向右移动一位之后，与 X 比较，它们之间的汉明距离可能变得很小，X 和 Y^C 也很容易发生非特异性杂交，如图 2.2 所示。

X　　5′–GCTGTGATGAGCG–3′　　　X　5′–GCTGTGATGAGCG–3′

Y　　5′–ATGTGATCAGCAG–3′　　　Y^C　3′–TACACTAGTCGTC–5′

(a) 不移位比较

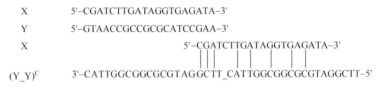

X　　　　　5′–GCTGTGATGAGCG–3′　　　X　5′–GCTGTGATGAGCG–3′
　　　　　　　　　　　　　　　　　　　　　　　||||||| |||
Y　　　　　5′–ATGTGATCAGCAG–3′　　　Y^c　3′–TACACTAGTCGTC–5′

(b) 移位比较

图 2.2　移位汉明距离示意图

（2）间隙。在 DNA 实际的计算中，如果碱基配对的数量够多，还会出现一条 DNA 序列连接两条相同 DNA 序列的情况，如图 2.3 所示。

X　　　　　　　5′–CGATCTTGATAGGTGAGATA–3′
Y　　　　　　　5′–GTAACCGCCGCGCATCCGAA–3′
X　　　　　　　　　　　　　　　5′–CGATCTTGATAGGTGAGATA–3′
　　　　　　　　　　　　　　　　|| ||| | | | |
$(Y\_Y)^c$　　3′–CATTGGCGGCGCGTAGGCTT_CATTGGCGGCGCGTAGGCTT–5′

图 2.3　碱基间隙示意图

图中 "_" 表示两段相同 DNA 序列之间的一个间隙，则 $Y(\_)^g Y$ 表示两段 Y 拼接成的序列，且两段 Y 之间的间隙大小为 g。

碱基连续配对惩罚。两条 DNA 序列的碱基配对连续性越高，其杂交的可能性越大。在本书计算相似度的过程中，对连续碱基相等的情况设置了一个惩罚值。连续相等的碱基数越多，惩罚值越大。本书的惩罚阈值设为 6，即如果连续相等的碱基个数大于 6 个，就计数。

如图 2.4 所示，DNA 序列 X 和 Y 的碱基相等个数为 11，连续相等惩罚值为 7，所以 X 和 Y 的相似度为 18。

X　　　　　　　　　5′-ATAGAGTGGATAGTTCTGGG-3′
　　　　　　　　　　*　　***　　*******
Y_Y　　3′-CTTGTGACCGCTTCTGGGGA_CTTGTGACCGCTTCTGGGGA-5′

图 2.4　碱基连续性示意图

对于 DNA 序列 X 和 Y，其相似度值是 X 与 $Y(\_)^g Y$ 之间的移位相等碱基数与碱基连续相等惩罚值的和的最大值。其数学表达式为：

$$\text{Similarity}(X, Y) = \text{Max}_{g,i}(S_{\text{dis}}(X, Y(\_)^g Y, s) + S_{\text{con}}(X, Y(\_)^g Y, s)) \quad （2\text{-}6）$$

式中，$0 \leqslant g \leqslant l, 0 \leqslant s \leqslant l$，$g$ 表示两段 y 之间的间隙大小，s 表示 X 向右移动的位数。

$S_{\text{dis}}(X,Y,s)$ 表示 DNA 序列 X 向右移动 s 位与 Y 比较的相同碱基个数。$S_{\text{dis}}(X,Y,s)$ 的计算如式 2-7 所示。

$$S_{\text{dis}}(X,Y,s) = T\left(\sum_{i=1}^{l} eq(X_i, Y_{i+s}), S_{\text{dis}} \times \text{length}_{nb}(Y)\right) \qquad (2\text{-}7)$$

本书中阈值 S_{dis} 的值为 0，即只要有一个碱基相等，就计数。

$S_{\text{con}}(X,Y,s)$ 示 DNA 序列 X 向右移动 s 位与 Y 比较的碱基连续相等惩罚值。

$$S_{\text{con}}(X,Y,s) = \sum_{i=1}^{l} T(eq(X,Y,s,i), S_{\text{con}}) \qquad (2\text{-}8)$$

$$\text{ceq}(X,Y,s,i) =$$

$$\begin{cases} c, & \text{if } \exists c, s.t.\, eq(X_i, Y_{s+i}) = 0, eq(X_{i+1}, Y_{s+i+1}) = 1, \text{for } 1 \leqslant j \leqslant c, eq(X_{i+c+1}, Y_{s+i+c+1}) = 0 \\ 0, & \text{otherwise} \end{cases}$$

$$(2\text{-}9)$$

本书中阈值 S_{con} 设为 6。

对于 DNA 序列 X 和 Y，它们之间的相似度值越大，表示 X 与 Y 的相似性越大，X 与 Y^C 的越容易发生非特异性杂交；反之，相似度越小，X 与 Y^C 之间的互补碱基就越少，从而 X 与 Y^C 之间发生非特异性杂交的可能性就越小。

2. H-measure

Garzon 等将核酸的互补信息扩充到汉明距离中，提出了 H-measure 约束。对于 DNA 序列 X 和 Y（X、Y 的方向都是 $5' \rightarrow 3'$），Similarity 约束是限制 X 和 Y^C 之间的非特异性杂交，而 H-measure 约束是限制 X 与反向 Y 之间的非特异性杂交。H-measure 的计算过程与 Similarity 的计算过程相似，同样考虑移位、间隙和碱基配对连续性。

对于 DNA 序列 X 和 Y，其 H-measure 值是反向 X 与 $Y(\_)^g Y$ 之间的移位相等

碱基数与碱基连续相等惩罚值的和的最大值。H-measure 的计算如式 2-10 所示。

$$H\text{-measure}(X, Y) =$$
$$\text{Max}_{g,i}(h_{\text{dis}}(\text{reverse}(x), y(-)^{g} y, s) + h_{\text{con}}(\text{reverse}(x), y(-)^{g} y, s)) \qquad (2\text{-}10)$$

式中，$0 \leqslant g \leqslant l$，$0 \leqslant s \leqslant l$，$g$ 表示两段 Y 之间的间隙大小，s 表示 X 向右移动的位数。

$reverse(x)$ 表示将 DNA 序列 X 反向，由 $5' - x_1 x_2 x_3 \cdots x_l - 3'$ 倒转成 $3' - x_l x_{l-1}$ $x_{l-2} \cdots x_1 - 5'$。

$h_{\text{dis}}(x, y, s)$ 表示 DNA 序列 X 向右移动 s 位与 Y 比较的碱基互补个数。$h_{\text{dis}}(x, y, s)$ 的计算如式（2-11）所示。

$$h_{\text{dis}}(x, y, s) = T\left(\sum_{i=1}^{l} bp(x_i, y_{i+s}), h_{\text{dis}} \times \text{length}_{nb}(y)\right) \qquad (2\text{-}11)$$

本书中阈值 h_{dis} 的值为 0，即只要有一个碱基配对，就计数。

$h_{\text{con}}(x, y, s)$ 表示 DNA 序列 X 向右移动 s 位与 Y 比较的碱基连续配对惩罚值。本书中阈值 h_{con} 设为 6。

$$h_{\text{con}}(x, y, s) = \sum_{i=1}^{l} T(cbp(x, y, s, i), h_{\text{con}}) \qquad (2\text{-}12)$$

$$cbp(x, y, s, i)$$
$$= \begin{cases} c, & \text{if } \exists c, s.t. \, bp(x_i, y_{s+i}) = 0, bp(x_{i+1}, y_{s+i+1}) = 1, \text{for } 1 \leqslant j \leqslant c, bp(x_{i+c+1}, y_{s+i+c+1}) = 0 \\ 0, & \text{otherwise} \end{cases}$$

$$(2\text{-}13)$$

对于 DNA 序列 X 和 Y，它们之间的 H-measure 值越大，X 与 Y 之间越容易发生非特异性杂交；反之，相似度越小，X 与反向 Y 之间的互补碱基就越少，从而 X 与 Y 之间发生非特异性杂交的可能性就越小。

3. 碱基连续性

如果在一个 DNA 序列中，相同的碱基连续出现了多次，则由于氢键的作用，这个 DNA 分子可能出现不期望的二级结构, 影响 DNA 计算的可靠性。对于 DNA 序列 X, 其碱基连续性（Continuity）的评价函数如式（2-14）所示。

$$\text{Continuity(X)} = \sum_{i=1}^{l-t+1} T(c_a(X,i),t)^2 \qquad (2\text{-}14)$$

$$c_a(X,i) = \begin{cases} o, & \text{if } \exists o,a,\,s.t.\ X_i \neq a,\ X_{i+j} = a\ \text{for } 1 \leqslant j \leqslant o,\ X_{i+o+1} \neq a \\ 0, & \text{otherwise} \end{cases} \qquad (2\text{-}15)$$

Continuity 的计算如图 2.5 所示。

5′–ATAGAGTGGATAGTTCTGGG–3′　　连续性为 $3^2 = 9$

5′–GAAAAAGGACCAAAAGAGAG–3′　　连续性为 $5^2 + 4^2 = 41$

图 2.5　碱基连续性计算示意图

4. 发卡结构

单链 DNA 分子可能由于自身反向折叠形成二级结构, 因其形状像一个发卡, 所以称之为发卡结构（Hairpin）。发卡结构中有发卡茎部和发卡环部, 其结构如图 2.6 所示。

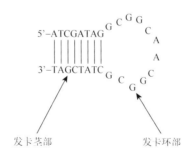

图 2.6　发卡结构示意图

发卡结构评价函数如式（2-16）所示。

$$\text{Hairpin(X)} = \sum_{s=S_{\min}}^{(l-R_{\min})/2} \sum_{r=R_{\min}}^{l-2s} \sum_{i=1}^{l-2s-r} T\left(\sum_{j=1}^{s} bp(X_{s+i-j}, X_{s+i+r+j}), \frac{s}{2} \right) \qquad (2\text{-}16)$$

式中, s 为茎长; $S_{\min}$ 为设定的最小茎长; r 为环长; $R_{\min}$ 为设定的最小环长。

在本书中，$S_{\min}=6$，$R_{\min}=6$。图 2.7 为发卡结构评价函数的计算示意图。

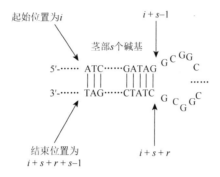

图 2.7 发卡结构评价公式示意图

5. GC 含量

GC 含量是指 DNA 序列中碱基 G 和 C 的个数占 DNA 碱基总数的百分比。其计算公式如式（2-17）所示。

$$GC(x)=100\sum_{i=1}^{l}GC(x_i)/l \qquad (2\text{-}17)$$

$$GC(a)=\begin{cases}1, & a=G \quad \text{or} \quad a=C \\ 0, & a=A \quad \text{or} \quad a=T\end{cases} \qquad (2\text{-}18)$$

式中，G、C、A、T 分别代表碱基序列中鸟嘌呤、胞嘧啶、腺嘌呤、胸腺嘧啶的数量。

6. 解链温度

解链温度（Tm）是双链 DNA 分子在加温变性过程中，有 50%的 DNA 分子打开双链变成单链时的温度。DNA 计算要求 DNA 分子具有一致的解链温度，从而更好的控制 DNA 分子之间的反应。影响解链温度的因素为：DNA 分子组成，DNA 分子浓度、溶液的 pH 等。Tm 的计算公式有三个：

（1）根据华莱士（Wallace）法则，其计算如式（2-19）所示。

$$Tm_1=(A+T)\times 2℃+(C+G)\times 4\ ℃ \qquad (2\text{-}19)$$

（2）根据 GC 百分含量，其计算如式（2-20）所示。

$$\text{Tm}_2 = 81.5 + 16.6 \times \log[\text{Na}^+] + 41(G+C) - \frac{500}{|\text{X}|} \tag{2-20}$$

（3）根据最邻近（nearest-neighbors）热力学模型，其计算如式 2-21 所示。

$$\text{Tm}_3 = \frac{\Delta H^\circ}{\Delta S^\circ + R\ln(|C_T|/4)} \tag{2-21}$$

式中，ΔH° 是相邻碱基的总焓；ΔS° 是相邻碱基的总熵；R 为气体常数（1.987 cal/kmol）；C 为 DNA 分子浓度。

其中 ΔH° 表示反应物和产物之间的焓的变化，它指的是在常压下反应放出或吸收的热。吸热的反应 ΔH° 为正值，放热的反应 ΔH° 为负值。

ΔS° 表示反应物和产物之间的熵的变化，它是状态数目或可达到构象的统计量度。ΔS° 为正值说明系统混乱度或可达到构象的数目增加，反之数目减少。

在任意一个 DNA 双链分子中，有十种不同的最邻近相互作用可能存在，如 AA/TT，AT/TA，TA/AT，CA/GT，GT/CA，CT/GA，GA/CT，CG/GC，GC/CG，GG/CC，其解链时的 ΔH° 和 ΔS° 如表 2.1 所示，则对于序列 X，Nearest-Neighbors 热力学模型中的总焓 ΔH° 和总熵 ΔS° 的可根据 DNA 序列查表 2.1 累加而得。

表 2.1　沃森-克里克碱基配对的 Nearest-neighbor 热力学参数

碱基对序列 5′ → 3′ / 3′ → 5′	ΔH°/ （kcal/mol）	ΔS°/ （cal/mol）
AA/TT	−7.6	−21.3
AT/TA	−7.2	−20.4
TA/AT	−7.2	−21.3
CA/GT	−8.5	−22.7
GT/CA	−8.4	−22.4
CT/GA	−7.8	−21.0
GA/CT	−8.2	−22.2
CG/GC	−10.6	−27.2

续表

碱基对序列 $5' \to 3' / 3' \to 5'$	$\Delta H°/$ （kcal/mol）	$\Delta S°/$ （cal/mol）
GC/CG	−9.8	−24.4
GG/CC	−8.0	−19.9
初始化能量	+ 0.2	−5.7
末端 AT 罚值	+ 2.2	+ 6.9
对称修正	0.0	−1.4

2.1.2　DNA 编码问题的数学模型

由 DNA 编码问题的定义可知，DNA 编码问题是要寻找一组 DNA 序列，使得 DNA 编码序列满足相关约束条件，从而确保 DNA 分子计算中反应的稳定性和可靠性。然而在本书选取的六个 DNA 编码约束中，有的是对单链 DNA 序列的约束，如 Continuity、Hairpin，本书称之为第（Ⅰ）类约束；有的是对双链 DNA 分子之间的约束，如 H-measure 和 Similarity，本书称之为第（Ⅱ）类约束；有的是对整组 DNA 序列的约束，如这组序列的 GC 含量和 Tm 要尽量一致，本书称之为第（Ⅲ）类约束。

因为存在第（Ⅱ）、（Ⅲ）类约束，在 DNA 编码设计中，我们需要综合考虑整组 DNA 序列的情况，而不是只单单考虑 DNA 单链的情况。针对此类情况，研究学者的做法通常是：

（1）随机确定第一条满足第（Ⅰ）类约束的 DNA 序列，放入已选集合中；然后随机产生自身满足第（Ⅰ）类约束，且与已选集合中的 DNA 序列满足第（Ⅱ）、（Ⅲ）类约束的 DNA 序列，加入已选集合；已选集合中 DNA 序列的数目达到规定值时，算法终止。

（2）将 n 条 DNA 序列连接成一条碱基序列，则这条碱基序列就是 DNA 编码问题的一个解，且第（Ⅰ）、（Ⅱ）、（Ⅲ）类约束都可以转化成对这条碱基序列本身的目标，于是问题得到了简化。

本书针对这三类约束进行如下处理：

首先，假定 DNA 序列条数为 n，单链 DNA 序列的长度为 l，这组 DNA 序列记为 Σ，第 i 条 DNA 序列记为 Σ_i，则针对 DNA 序列 Σ_i，DNA 编码的（Ⅰ）类、（Ⅱ）类、（Ⅲ）类约束处理情况如下。

1. 第（Ⅰ）类约束处理

第（Ⅰ）类约束是对 DNA 单链自身的约束，可直接转化成 DNA 单链的目标函数。DNA 编码的 Continuity 约束转化目标函数的公式如式（2-22）所示，Hairpin 约束转化成目标函数的公式如式（2-23）所示。

$$f_{\text{Continuity}}(\Sigma_i) = \text{Continuity}(\Sigma_i) \tag{2-22}$$

$$f_{\text{Hairpin}}(\Sigma_i) = \text{Hairpin}(\Sigma_i) \tag{2-23}$$

2. 第（Ⅱ）类约束处理

第（Ⅱ）类约束是两条 DNA 单链之间的约束，在这里，我们使用累加的方式将第（Ⅱ）类约束转化成目标函数，如式（2-24）和式（2-25）所示。

$$f_{\text{H-measure}}(\Sigma_i) = \sum_{j=1}^{n} \text{H-measure}(\Sigma_i, \Sigma_j) \tag{2-24}$$

$$f_{\text{Similarity}}(\Sigma_i) = \sum_{j=1}^{n} \text{Similarity}(\Sigma_i, \Sigma_j) - \text{Similarity}(\Sigma_i, \Sigma_i) \tag{2-25}$$

3. 第（Ⅲ）类约束处理

第（Ⅲ）类约束是对整组 DNA 序列的约束。对于 GC 含量，一般要求 $40 \leqslant \text{GC}(\Sigma_i) \leqslant 60$。在本书中，我们设置一个 GC 含量标准值 $\text{GC}_{sv} = 50$，然后将组内约束转化成了对个体的约束，其转化如式 2-26 所示。

$$f_{GC}\left(\Sigma_i\right) = \left|GC\left(\Sigma_i\right) - GC_{sv}\right| \tag{2-26}$$

GC 含量不仅对 DNA 序列稳定性有非常重要的作用，而且从解链温度（Tm）的计算公式（2-19）和公式（2-20）中可以看出，GC 含量能够确保 DNA 分子的 Tm 值基本保持一致。但是出于 DNA 计算所消耗的能量考虑，我们希望 Tm 的值越小越好，因此我们直接将 Tm 约束作为一个最小化目标函数，且 Tm 的计算选用公式（2-21），因为它不与 GC 含量直接相关。则 Tm 到目标函数的转化如式 2-27 所示。

$$f_{Tm}\left(\Sigma_i\right) = Tm_3\left(\Sigma_i\right) \tag{2-27}$$

由上述可知，带约束的 DNA 编码问题可以转化为不带约束的 DNA 编码问题，如式（2-28）所示。

$$\min\ F(x) = \{f_{\text{H-measure}}, f_{\text{Similarity}}, f_{\text{Continuity}}, f_{\text{Hairpin}}, f_{GC}, f_{Tm}\} \tag{2-28}$$

2.2　多目标优化问题

DNA 编码问题是一个典型的多目标优化问题（multi-objective optimization problem，MOP）。在实际生活中也有很多多目标优化问题，例如在物质调运过程中，需要考虑运输路程最短，而且运费最节省；又比如新产品的生成工艺中，通常要求产量高、质量好、成本低、消耗少、利润高等。这些多目标问题往往需要人们考虑多个目标下的最优问题，其求解十分困难。多目标问题中的多个目标往往存在冲突，从而找不到一个合适的解，使所有的目标都达到最优。

2.2.1　多目标优化的相关概念

通常多目标优化问题需要找到一组最优化的决策变量，使得一组相互冲突的目标函数值都最小，可以采用公式（2-29）表示。

$$\min \quad y = F(x) = (f_1(x), f_2(x), \cdots, f_m(x))$$
$$s.t.$$
$$g_i(x) \leqslant 1, \quad i = 1, 2, \cdots, q$$
$$h_j(x) \leqslant 1, \quad j = 1, 2, \cdots, p \tag{2-29}$$
$$x = (x_1, x_2, \cdots, x_n) \in X \subset R^n$$
$$y = (y_1, y_2, \cdots, y_m) \in Y \subset R^m$$

式中，x 是 n 维决策向量；y 是 m 个目标函数组成的向量；$f_i(x), i = 1, 2, \cdots, m$ 为各个目标函数；$g_i(x), i = 1, 2, \cdots, q$ 为该优化问题的不等式约束条件；$h_i(x), i = 1, 2, \cdots, p$ 则为等式约束条件。由此，我们给出以下几个相关定义。

定义 1　可行解

对 $x \in X$，如果 x 同时满足 $g_i(x), i = 1, 2, \cdots, q$ 和 $h_i(x), i = 1, 2, \cdots, p$，则称 x 为该优化问题的可行解。

定义 2　可行解集合

可行解集合就是该优化问题的所有可行解组成的集合，记为 $X_f, X_f \in X$。

定义 3　Pareto 支配

给定两个解 $x, x^* \in X_f$，称 x^* 为 Pareto 支配 x，当且仅当 $\forall i \in \{1, 2, \cdots, m\}$，都有 $f_i(x^*) \leqslant f_i(x)$，且 $\exists j \in \{1, 2, \cdots, m\}$，有 $f_i(x^*) < f_i(x)$，记为 $x^* \succ x$。

定义 4　Pareto 最优解

对 $x^* \in X_f$，不存在 $x \in X_f$，使得 $x \succ x^*$，则称 x^* 为 Pareto 最优解。

定义 5　Pareto 最优解集

Pareto 最优解集即为所有 Pareto 最优解构成的集合。

定义 6　Pareto 最优前沿

Pareto 最优解对应的各目标函数值构成的集合成为 Pareto 最优前沿。

上述的六个定义描述了多目标优化问题中的几个基本定义，由此可以看出，多目标优化问题的解不止一个，而是一个 Pareto 最优解集，且 Pareto 最优解集中的个体之间是无法进行比较的。在实际问题中，通常选用 Pareto 最优解集中的一个或者多个解作为该多目标优化问题的最优解，比如在 DNA 编码问题中，可根据 DNA 计算的实际情况选用一组满足条件的 DNA 序列作为最优解。

2.2.2　多目标优化算法

求解多目标优化问题的算法有很多，主要分为两大类：第一类是将多目标优化问题转化成单目标优化问题，进而求解单目标优化问题；第二类是多目标进化算法，在决策空间搜索 Pareto 最优解集。

第一类多目标优化算法是在搜索之前把目标进行参数化，将多个目标转化成单个目标，然后采用成熟的单目标优化算法加以解决。该类方法包括线性加权法、约束法、目标规划法、最小最大法等[43]。第一类多目标优化方法的优点在于将多目标问题转化成单目标问题，从而使用成熟的单目标优化方法解决。然而这类方法通常只能求解一个 Pareto 最优解，而且需要所优化的实际问题的先验知识来确定合适的参数，将多目标问题转化成单目标问题。例如线性加权法只能得到一定权重下的一个最优解，且权重的设定需要决策者事先确定下来，如果权重设置不好，有可能会导致算法找不到满足条件的最优解。

第二类多目标优化算法是多目标进化算法。进化算法是一类模拟生物进化过程的随机方法，为多目标优化问题提供新的解决思路。一方面，进化算法是基于种群的搜索系统，种群中大量个体同时进行搜索，为算法提供了多向性和全局性，同时也提高了搜索的效率。另一方面，进化算法是一种适者生存的启发式搜索方法，它没有任何限制，能够处理所有类型的目标函数和约束条件，非常适用于情况多变的多目标优化问题。

多目标进化算法是一个非常热门的研究领域，迄今经历了两个阶段，表现为第一代多目标进化算法和第二代多目标进化算法。图 2.8 展示了基于进化算法的多目标优化方法。

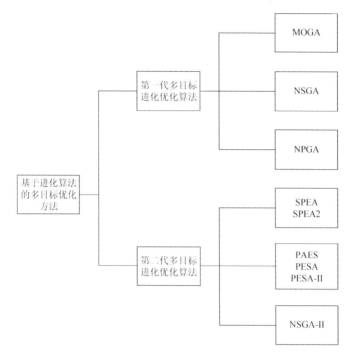

图 2.8　基于进化算法的多目标优化方法

第一代多目标进化算法主要是通过非支配排序和小生境技术来计算种群中个体的适应度值，在进化过程中保留优良的个体来实现种群的进化。其中非支配排序保证了种群是朝着好的方向进化的，而小生境技术是用来维持进化过程中种群的多样性的，从而保证 Pareto 最优前沿的分布性。

第二代多目标进化算法的主要特征是采用了精英保留策略。精英保留策略通过维持一个外部存档集来保存种群中的非支配个体，作为精英个体，让它们参与到下一代种群的竞争中，从而保证种群朝着 Pareto 最优前沿收敛。第二代多目标进化算法中维持种群多样性的方法也不仅仅只有小生境技术，例如 SPEA2 采用的密度概念，PAES 采用的空间超格技术，以及 NSGA-Ⅱ 采用的拥挤度等。

2.2.3　多目标进化算法的基本框架

多目标进化算法的种类虽然很多，采用的技术也有较大差异，但是基于 Pareto

非支配排序多目标算法的整体框架是相似的。基于 Pareto 非支配排序的多目标进化算法在求解多目标优化问题时，有两个主要目标，一是让种群收敛到 Pareto 最优前沿，二是维持种群的多样性，使最后的种群均匀地分布在 Pareto 最优前沿上。图 2.9 给出了基于 Pareto 的第二代多目标进化算法的一般流程。其中，EA 算法可以是遗传法、蚁群算法、粒子群算法等；非支配集（Non-Dominated Set）NDSet 是对种群进行基于 Pareto 的非支配排序之后，采用某种策略从中选出的精英个体，并作为种群进化的领导个体；NDSet 的规模调整的同时会维持其分布性，也即维持种群的多样性。

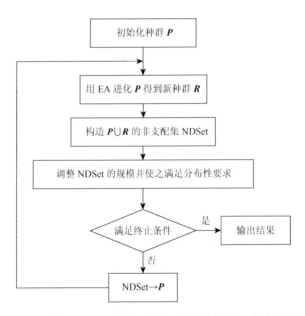

图 2.9　基于 Pareto 的第二代多目标进化算法一般流程图

2.3　粒子群算法

粒子群优化算法（particle swarm optimization，PSO）是 Kennedy 和 Eberhart 受鸟群寻找食物的行为启发而提出的一种基于群体智能的演化算法。粒子群优化算法模拟鸟群觅食行为，将每只鸟看作一个没有质量和体积的微粒，用来表征优化问题的一个候选解，而鸟群寻找的食物地点即为该优化问题的最优解。

群体智能优化算法有两个特点：全局搜索和局部搜索。全局搜索使算法能够覆盖整个解空间，不遗漏可能存在的更优解；局部搜索使算法在找到较优解的时候，通过搜索其周围的解，发现可能存在的更优解。粒子群优化算法通过大量微粒的运动来搜索整个解空间，同时它拥有粒子自身最优位置以及种群最优位置的能力，通过向这两个最优位置逐渐偏移运动方向，来搜索当前最优位置的周围空间，从而找到可能的更优位置。因为粒子群优化算法具有结构简单、收敛速度快和易于实现等特点，自被提出以来就广受关注，成为学术界的一个研究热点。

2.3.1　算法思想

粒子群优化算法的基本思想是：将每一个潜在解看作 D 维搜索空间中的一个没有质量和体积的微粒，每一个微粒都是问题解空间中的一个候选解，这些微粒不断运动，所有微粒运动一次称为一次迭代；在微粒运动过程中，微粒不断根据自身所经过的最优位置和整个群体所发现的最好位置，来更新自己的位置。粒子群算法中有一个适应度函数来计算当前粒子所在位置的适应度值（fitness），从而判断粒子所在位置的好坏。

设 $X_i = (x_1, x_2, \cdots, x_n)$ 表示粒子 i 在 n 维解空间中的位置，$V_i = (v_1, v_2, \cdots, v_n)$ 表示粒子 i 在 n 维解空间的飞行速度。粒子经过的历史最优位置称为个体极值，$pbest_i$ 表示粒子 i 经过的历史最优位置。整个粒子群体经过的最好位置称为全局极值，用 $gbest$ 表示。在每次迭代过程中，粒子 i 会根据当前个体极值 $pbest_i$ 和全局极值 $gbest$ 来更新自己的速度和位置，同时更新自己的个体极值 $pbest_i$；当所有的粒子更新完成之后，全局极值 $gbest$ 也会更新。

设种群大小为 S，解空间维数为 N，则在第 k 次迭代中粒子 i 的速度和位置更新如式（2-30）和式（2-31）所示：

$$v_{ij}^{k+1} = \omega \times v_{ij}^k + c_1 \times r_1 \times (pbest_{ij}^k - x_{ij}^k) + c_2 \times r_2 \times (gbest_j^k - x_{ij}^k) \qquad (2\text{-}30)$$

$$x_{ij}^{k+1} = x_{ij}^k + v_{ij}^{k+1} \quad i = 1, 2, \cdots, S; \quad j = 1, 2, \cdots, N \tag{2-31}$$

式中，ω 为惯性权值；c_1 和 c_2 为学习因子；r_1 和 r_2 为均匀分布在 $(0,1)$ 的随机数。

粒子的速度更新公式分为三个部分：第一个部分是自身的惯性速度，是上一次迭代的速度对本次运动的影响，体现了粒子本身的活性；第二部分是粒子自身的思考，是粒子运动过程中到过的最好位置对自身运动的影响，体现了粒子本身的反思能力；第三部分是粒子间的信息交流，是种群中所有粒子曾经到过的最优位置对粒子运动的影响，体现了群体粒子之间的协作。

2.3.2　算法流程

标准粒子群优化算法流程一般分为以下几个步骤。第一步，随机初始化种群中所有粒子的位置和速度。第二步，根据粒子位置计算所有粒子的适应度值。第三步，更新种群中每个粒子的个体极值。第四步，更新种群的全局极值。最后，按照公式更新每个粒子的速度和位置。此时，如果满足算法终止条件，则终止；否则，计算新种群的适应度函数值，并进入下一次迭代过程。标准粒子群优化算法流程如图 2.10 所示。

2.3.3　多目标粒子群优化算法

由于粒子群优化算法据有结构简单、收敛快等特点，很快被应用到诸多领域，而多目标粒子群优化算法也引起了学者们的关注，成为一个研究热点。不同于遗传算法通过染色体之间的共享信息来使种群慢慢收敛，粒子群优化算法采用位移模型，使粒子向最好粒子快速移动来使种群收敛。单目标优化问题需要的是寻找单个解，而多目标优化问题是要寻找一组由非支配解组成的集合，由于非支配解之间不可比较性，如果将粒子群优化算法直接应用到多目标优化问题中时，容易造成种群陷入局部最优的问题。所以，在将粒子群优化算法应用到多目标优化问

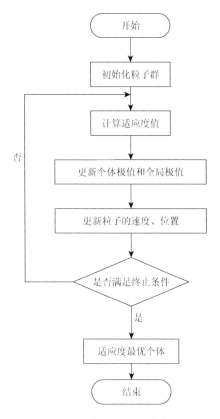

图 2.10　标准粒子群优化算法流程图

题中时，需要对粒子群进行改进和扩展，还需要考虑个体极值和全局极值的选择，以及如何确保算法的分布性等问题。

第3章 动态多目标粒子群 DNA 编码算法研究

DNA 编码问题需要设计一组满足多种约束的 DNA 分子集合,是个典型的多目标优化问题。此外,跟传统的多目标优化问题不同,DNA 编码问题的目标函数是由分子本身相互计算得到,对于单个 DNA 分子序列,如果同组的 DNA 分子发生变化,其目标函数的适应度数值也会发生变化。因此,传统的多目标粒子群算法无法求解该类问题。本章提出一种动态多目标粒子群 DNA 编码算法,维持一个寻优种群和一个精英种群,通过基于最小曼哈顿距离的动态精英选择算法,来保证每次寻优过程中选择出来的 DNA 分子集合是当前种群中最适合的,这样就解决了 DNA 分子目标函数值受其同组 DNA 分子影响的问题。本章还详细描述动态多目标粒子群 DNA 编码算法的思想,及其主要算子,并重点阐述算法中的动态精英选择机制。

3.1 算 法 思 想

DNA 编码问题是一个多目标优化问题,需要求解的是一组 DNA 序列,若想要用传统多目标进化算法来解决 DNA 编码问题,首先要解决的是 DNA 编码问题解的表示问题。一般多目标进化算法采用聚类的思想,将一组 DNA 序列中的多条 DNA 序列顺序连接起来,比如将 7 条长度为 20 的 DNA 序列连接成长度为 140 的 DNA 链,从而作为一个粒子。但是这种编码方法使得粒子的搜索空间急剧增大,若要得到较好的结果,必须增大粒子的数目,则算法时间增大。

本书采取另一种方式编码,用一个粒子表示一条 DNA 单链,在种群中选取若干个粒子作为 DNA 编码问题的解。但是这种编码方式有两个问题需要解决:①如何从粒子种群中选出规定数目的粒子作为 DNA 编码的解;②DNA 单链有其对自身的约束，又有与所处种群有关的约束（如 H-measure、Similarity），则如何确保粒子群在运动过程中找到由 DNA 单链组成的更好的解。

针对上述两个问题，本书提出一种动态多目标粒子群 DNA 编码算法，采取的策略是保留两个种群 P 和 Q，种群 P 用于寻找更优解，称之为寻优种群，种群 Q 用于保存寻优过程中的精英个体，称之为精英种群。每次迭代过程中，用精英种群保存上一代的精英个体，在寻优种群进化过程中，精英种群通过一种动态精英选择算法，从上一代精英种群和寻优种群中选取，不断进化。在算法结束时，精英种群中的粒子即为 DNA 编码问题的解。

本书算法的主要思路是：设需要求解的 DNA 编码问题为长度为 l 的 n 条 DNA 序列，该算法保留两个由长度均为 l 的 DNA 序列构成的种群 P 和 Q，其中 P 是寻优种群，Q 是精英种群，且大小为 n。在每次迭代过程中，算法将 P、Q 两个种群合并，计算每个粒子在种群中的适应度值，采用动态精英选择算法从合并之后的种群中，选出大小与 Q 种群大小相等的子种群，并将其作为新的精英种群，然后更新 P 中的粒子的位置和速度，同时更新其个体极值及全局极值。迭代结束之后，输出种群 Q，即为 DNA 编码问题的解。

3.2　算　法　流　程

设粒子种群 P 的大小为 n_q，种群 Q 的大小为 n_q，DNA 序列长度为 l，需要的 DNA 序列条数为 n_q。第一步，随机初始化种群 P 和 Q 中的所有粒子，包括粒子的位置及速度，并用当前粒子初始化个体极值和全局极值。第二步，合并粒子种群 P 和 Q，记为 R，并计算种群 R 中的每个个体的适应度值。第三步，根据动态精英选择策略，从 R 中选择 n_q 个个体，作为下一代的精英 Q_{t+1}。第四步，更新个体最优 pbest 以及种群全局最优 gbest，计算种群 P 中所有粒子的新的位置和新的速度。如果迭代次数 $t < t_{\max}$，则跳转并重复计算新种群适应度函数值；否则，输出精英种群 Q 中的粒子。其算法流程如图 3.1 所示。

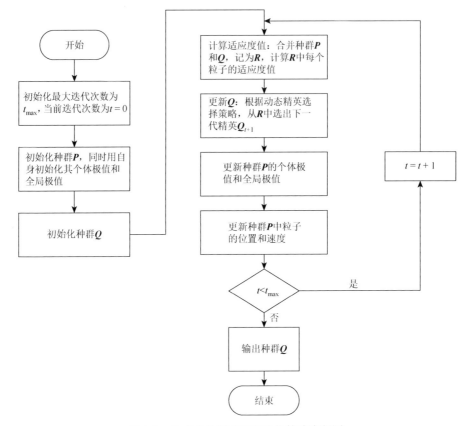

图 3.1 动态多目标粒子群优化算法流程图

3.3 动态精英选择算法

动态精英选择算法是从寻优种群和上一代精英种群合并的种群中选出新一代精英种群的一种算法。动态精英选择算法实质上是从一个种群中选出若干个粒子构成一个精英种群，使得精英种群的目标函数优于由其他粒子构成的大小相同的种群的一种方法。本书结合 DNA 编码问题的特性，提出一种基于最小曼哈顿距离的动态精英选择算法。

3.3.1 最小曼哈顿距离选择算法

最小曼哈顿距离（minimize Manhattan distance，MMD）算法是在多目标优化

过程中，通过计算多个目标的曼哈顿距离，然后通过加权的方式将多个目标转化成单个目标，从而从种群中选择精英个体的算法。相比于传统的加权方式转化成单目标的方法，最小曼哈顿方法更能体现个体在群体中的相对优劣。

曼哈顿距离将一组数据进行归一化处理，在保留数据之间相对关系的同时，将其值映射到[0, 1]空间。MMD 算法使用曼哈顿距离对多目标优化问题的各个目标函数值进行处理，从而使其更能体现个体在种群中的好坏程度。给定一个种群 $P = \{x_1, x_2, \cdots, x_n\}$，个体评价函数为 $f(x)$，则这该种群中第 i 个个体的曼哈顿距离如式（3-1）所示。

$$\text{Manhattan}_i = (f(x_i) - \min(f))/(\max(f) - \min(f)) \tag{3-1}$$

式中，

$$\max(f) = \max(f(x_i)), \quad i = 1, 2, \cdots, n \tag{3-2}$$

$$\min(f) = \min(f(x_i)), \quad i = 1, 2, \cdots, n \tag{3-3}$$

$\max(f)$ 表示种群中个体评价函数值的最大值，$\min(f)$ 表示最小值。

用 MMD 算法计算出每个个体的每个目标的曼哈顿距离之后，通过加权方式得出每个个体在种群中的适应度值。给定一个种群 $P = \{x_1, x_2, \cdots, x_n\}$，个体的评价函数为 $f_j(x), j = 1, 2, \cdots, d$，现要从种群中选出 m 个粒子个体，则 MMD 算法主要步骤如下：

第一步，计算种群中每个个体的目标函数值 $f_j(x_i), i = 1, 2, \cdots, n, \ j = 1, 2, \cdots, d$；

第二步，找出每个目标函数在种群中的最大值 $\max(f_j)$ 和最小值 $\min(f_j)$，$j = 1, 2, \cdots, d$；

第三步，计算每个个体的每个指标在集合中的曼哈顿距离 $\text{Manhattan}_{i,j}$，$i = 1, 2, \cdots, n, \ j = 1, 2, \cdots, d$；

第四步，通过加权方式得到每个个体适应度值，适应度计算公式为：
$\text{fitness}_i = \omega_j \text{Manhattan}_{i,j}, \quad i = 1, 2, \cdots, n, \ j = 1, 2, \cdots, d$；其中 ω_j 为目标 j 的权重；

Step5：选择适应度值最小的 m 个个体作为结果；

Step6：算法结束。

曼哈顿距离将一个目标函数值从一个硬性指标变成了一个相对指标，它与所在的种群有关，即个体的某个目标在不同种群中的曼哈顿距离值不同。因此对个体的每个目标的曼哈顿距离进行加权操作，相比于直接对各个目标值进行加权操作，更能体现个体在种群中的相对优劣情况。通过这种方式将多目标优化问题转化成单目标优化问题，并从种群中选择出其中的相对精英个体，它们可根据某种进化算法生成下一代种群，使种群朝着好的方向进化。

3.3.2　基于最小曼哈顿距离的动态精英选择算法

粒子的适应度值是粒子在合并种群中的曼哈顿距离加权值，则合并种群中每个粒子都有一个在种群中的适应度值。看似用 MMD 算法可以从种群中选取适应度最小的若干个粒子构成精英种群，其实不然，因为粒子的适应度值代表的是粒子在种群中的相对优劣情况，它与种群有关。若从种群中选出精英种群，入选精英种群的粒子换了一个新的环境，其在精英种群中的各个目标值，与其在原种群中的各个目标值不一样，有可能用原种群中的另一个粒子来替换之后，精英种群的各个目标函数值比之前更优。举例来说，从 n 个 DNA 序列 $\Sigma = (\Sigma_1, \Sigma_2, \cdots, \Sigma_n)$ 中，选择出了在这个种群中的 $f_{\text{H-measure}}$ 最小的两个序列 Σ_a, Σ_b，虽然 Σ_a, Σ_b 与其他 $n-1$ 个 DNA 序列的 H-measure 值的和较小，但是 Σ_a 和 Σ_b 之间的 H-measure 值可能较大。

本书针对与环境有关的目标函数提出一种动态精英选择算法，在选择过程中，根据已选入精英种群中的粒子来更新原种群中粒子的适应度值，然后选择最小适应度值的粒子入选精英种群，从而使每次入选精英种群的粒子都是当前最适合入选的粒子。

由 2.1.2 节可知，与种群环境有关的目标函数是 $f_{\text{H-measure}}$ 和 $f_{\text{Similarity}}$。为了

体现新环境中种群粒子与已选精英粒子之间的冲突关系，在精英选择过程中，为原种群中每个粒子设置了两个新的目标函数：$f_{\text{vio-H-measure}}$ 和 $f_{\text{vio-Similarity}}$。$f_{\text{vio-H-measure}}$ 表示粒子与已选精英种群中的每个粒子的 H-measure 值的和，$f_{\text{vio-Similarity}}$ 表示粒子与已选精英种群中的每个粒子的 Similarity 值的和。

设已选 DNA 序列集合为 Σ^*，大小为 m，则第 i 条序列 Σ_i 的 $f_{\text{vio-H-measure}}$，$f_{\text{vio-Similarity}}$ 的计算如式（3-4）和式（3-5）所示。

$$f_{\text{vio-H-measure}}\left(\Sigma_i\right) = \sum_{j=1}^{m} \text{H} - \text{measure}\left(\Sigma_i, \Sigma_j\right) \tag{3-4}$$

$$f_{\text{vio-Similarity}}\left(\Sigma_i\right) = \sum_{j=1}^{m} \text{Similarity}\left(\Sigma_i, \Sigma_j\right) - Chosen_{\text{Similarity}}\left(\Sigma_i\right) \tag{3-5}$$

式中，

$$Chosen_{\text{Similarity}}\left(\Sigma_i\right) = \begin{cases} \text{Similarity}\left(\Sigma_i, \Sigma_i\right), & if\ \Sigma_i \in \Sigma^* \\ 0, & else \end{cases} \tag{3-6}$$

于是从原种群中选择第一个粒子入选精英种群时，已选精英种群为空，粒子之间比较的是由 H-measure，Similarity，Continuity，Hairpin，GC，Tm 六个目标上的曼哈顿距离加权得来的适应度值。而在之后的精英选择中，已选精英种群不为空，需从原种群选出与已选精英种群冲突最小的粒子入选精英种群，这时从原种群中选择由 Continuity，Hairpin，GC，Tm 和 vio-H-measure，vio-Similarity 六个目标上的曼哈顿距离加权得来的适应度值最小的粒子入选。

设 DNA 序列原种群大小为 n，待选精英种群大小为 m，则动态精英选择算法的步骤如下所示。

第一步，计算原种群每个个体的 $f_{\text{H-measure}}, f_{\text{Similarity}}, f_{\text{Continuity}}, f_{\text{Hairpin}}, f_{\text{GC}}, f_{\text{Tm}}$，将 $f_{\text{vio-H-measure}}, f_{\text{vio-Similarity}}$ 初始化为 0；

第二步，计算原种群中每个个体在 H-measure，Similarity，Continuity，Hairpin，GC，Tm 六个目标上的曼哈顿距离，通过加权方式得到每个个体适应度值；

第三步，选择适应度值最小的序列作为当选序列，并加入到已选队列中；

第四步，将当选的个体与原种群中每个个体的 H-measure 和 Similarity 值累加到对应个体的 $f_{\text{vio-H-measure}}$, $f_{\text{vio-Similarity}}$ 上；

第五步，更新每个个体在 vio-H-measure, vio-Similarity 两列上的曼哈顿距离；

第六步，对原种群中的每个个体，由 Continuity, Hairpin, GC, Tm, vio-H-measure, vio-Similarity 六个目标的曼哈顿距离加权，更新适应度值；

第七步，选择原种群适应度值最小且未被选入精英种群中的 DNA 序列，加入到已选队列中，并更新当选序列为该序列；

第八步，若已选序列个数大于等于 m，则结束；否则转第四步。

3.4　主要算子设计

3.4.1　问题编码

DNA 编码问题是一个离散问题，DNA 编码序列是由四种碱基 A、C、G、T 组成的碱基序列，其搜索空间是一个离散空间。而基本粒子群算法适用于连续空间的搜索，所以需要对基本粒子群算法进行改进。

将粒子群应用到 DNA 编码问题时的第一个要解决的问题是对 DNA 序列进行编码。在本书中用 0，1，2，3 来表示 DNA 序列中的碱基 A、C、G、T，其映射关系为 $f(x):\{A,C,G,T\} \to \{0,1,2,3\}$，如式（3-7）所示。

$$f(x) = \begin{cases} 0, & x = A \\ 1, & x = C \\ 2, & x = G \\ 3, & x = T \end{cases} \tag{3-7}$$

每个粒子表示一条单链 DNA 序列，粒子的位置表示为 $\boldsymbol{X} = (x_1, x_2, \cdots, x_l)$，其中 $x_i \in \{0,1,2,3\}, i = 1,2,\cdots,l$。$l$ 为 DNA 序列的长度。而粒子在每一维上的速度用实数表示，速度 $\boldsymbol{V} = (v_1, v_2, \cdots, v_l)$，其中 $v_i \in \boldsymbol{R}, i = 1,2,\cdots,l$。

3.4.2　粒子更新

在本书算法中，粒子的位置和速度按照以下方式更新。

用 v_{ij}^k 表示第 k 次迭代中粒子 i 第 j 维的速度，x_{ij}^k 表示第 k 次迭代中粒子 i 第 j 维的位置。则粒子的速度更新如式（3-8）所示：

$$v_{ij}^{k+1} = \omega \times v_{ij}^k + c_1 \times r_1 \times \left(pbest_{ij}^k - x_{ij}^k \right) + c_2 \times r_2 \times \left(gbest_j^k - x_{ij}^k \right) \qquad (3\text{-}8)$$

其中 ω 为惯性权重，c_1 和 c_2 为正的加速因子，r_1 和 r_2 为均匀分布在 $[0,1]$ 的随机数。

粒子 i 的位置更新如式（3-9）所示：

$$x_{ij}^{k+1} = x_{ij}^k + v_{ij}^{k+1}, \quad i = 1, 2, \cdots, S; \ j = 1, 2, \cdots, N \qquad (3\text{-}9)$$

个体最优位置 $pbest_i^k$ 表示粒子 i 在 k 次迭代之前所达到的最优位置，全局最优位置 $gbest^k$ 表示种群中所有粒子在 k 次迭代之前所发现的最优位置。本书全局最优粒子的更新与标准粒子群算法有较大区别，其更新过程将在 3.4.6 节中介绍。

3.4.3　离散处理和边界约束

在问题编码中，把碱基 A、C、G、T 映射到 $\{0, 1, 2, 3\}$，则粒子位置的每一维上的值必须是整数，且只能在 $\{0,1,2,3\}$ 中取值。在上述粒子更新中，粒子的位置可能不是整数，且可能不在 $[0,3]$ 内，需要对其进行离散化处理和边界约束。

由于在 DNA 编码的碱基映射到 $\{0,1,2,3\}$ 之后，属于整数规划问题，我们直接采用近似取整的办法[44]，即四舍五入，将粒子的位置的每一维变成整数，如式 3-10 所示。

$$x_{ij} = \text{round}(x_{ij}) \qquad (3\text{-}10)$$

粒子位置近似取整之后，可能不在集合 $\{0,1,2,3\}$ 中，需要对其进行边界约束。

因为对于离散空间的搜索问题，边界取值很重要，所以粒子在超出边界范围时，将其平移到边界上，并改变粒子的速度方向，放慢粒子的速度，向反方向进行搜索。粒子超出边界后，其位置的处理如式（3-11）所示，速度处理如式（3-12）所示。

$$x_{ij} = \begin{cases} 0, & if \ \ x_{ij} < 0 \\ 3, & if \ \ x_{ij} > 3 \end{cases} \tag{3-11}$$

$$v_{ij} = -\mu v_{ij} \tag{3-12}$$

式中，$\mu = 0.5$，使得粒子的速度减半。

3.4.4　适应度计算

本书算法中粒子的适应度值与所在的种群有关，它除了代表粒子本身的优劣情况，而且表示其在种群中的相对好坏。粒子的适应度值是粒子在种群中的适应情况，在这里我们通过在各个目标上的曼哈顿距离的加权值来表示粒子的适应度值。

在动态精英选择算法中，我们基于最小曼哈顿距离选择算法选择精英个体，但是在每次选择精英个体时都要更新适应度值，适应度计算公式有两个：

（1）适应度值初始化时，计算公式如（3-13）所示。

$$Fitness\left(\Sigma_i\right) = \omega_j \text{Manhattan}_{\Sigma_i, j}$$
$$j = \{\text{H-measure, Similarity, Continuity, Hairpin, GC, Tm}\} \tag{3-13}$$

式中，ω_j 是第 j 个目标函数的权重值。

（2）适应度值更新时，计算公式如（3-14）所示。

$$Fitness\left(\Sigma_i\right) = \omega_j \text{Manhattan}_{\Sigma_i, j}$$
$$j = \{\text{Continuity, Hairpin, GC, Tm, vio-H-measure, vio-Similarity}\} \tag{3-14}$$

式中，ω_j 是第 j 个目标函数的权重值。一般地，$\omega_{\text{H-measure}} = \omega_{\text{vio-H-measure}}$，$\omega_{\text{Similarity}} =$

$\omega_{\text{vio-Similarity}}$。$\text{Manhattan}_{\Sigma_i, j}$ 表示粒子 Σ_i 在寻优种群和精英种群合并之后的种群中的第 j 个目标上的曼哈顿距离。

3.4.5　个体极值更新

个体极值代表粒子在运动过程中自身所经历的最好的解，虽然粒子在每一次迭代过程中所处的种群也不一样，相同粒子在不同的环境中的适应度值也不一样，但适应度值仍能体现粒子在种群中的好坏，如果种群是进化的，那么种群中的粒子也是朝着好的方向在运动。

个体极值的更新采用粒子在种群中的适应度值来比较更新，当粒子的适应度值小于个体极值的适应度值时，个体极值更新为当前粒子；否则，个体极值不变。

3.4.6　全局极值更新

DNA 编码问题是要求解一组 DNA 编码序列，而本书算法是将单链 DNA 序列作为一个粒子，在单链 DNA 序列的搜索空间寻找若干个位置来构成 DNA 编码的解。因为单个粒子的适应度值与环境有关，所以对于单个粒子来说，在单链 DNA 序列的搜索空间内，并不存在所谓最好的粒子，其结果都是相对的。

精英种群中的粒子是上一代精英种群和这一代寻优种群中的优选个体，是当前种群最好的几个粒子，于是本书为寻优种群中的每个粒子在精英空间随机选择一个精英粒子作为其全局最优解。这样，每个寻优粒子的全局最优不同，可以保证种群的多样性。全局最优作为粒子整体的移动方向，不同粒子朝着不同的全局最优移动，很可能寻找到可以替换当前精英粒子的粒子，从而构成一个更好的精英种群。

第4章　动态多目标粒子群 DNA 编码算法实验

DNA 编码的最终目的在于减少 DNA 计算中的非特异性杂交反应,保证 DNA 计算的可靠性。因此,本章选择一组 DNA 序列中所有 DNA 分子的 H-measure、Similarity、Continuity、Hairpin 值的和作为这组 DNA 序列的评价方法。此外,本章对动态多目标粒子群 DNA 编码算法的参数进行了分类讨论,通过实验分析,设计适当的参数值。最后用本书算法分别生成了 7 条长度为 20 的 DNA 序列,14 条长度为 20 的 DNA 序列,以及 20 条长度为 15 的 DNA 序列,将其评价指标与其他文献提供的相应 DNA 序列的评价指标进行对比,实验结果证明本书算法是可行的和有效的。

4.1　DNA 序列评价方法

DNA 编码问题旨在寻找一组 DNA 序列,使其在满足 GC 含量和解链温度(Tm)基本一致的约束下,其 H-measure、Similarity、Continuity、Hairpin 值尽可能小。

在一组 DNA 序列中,对于一个 DNA 分子序列,其 H-measure 值较小说明它与同组其他 DNA 分子的补链发生错配的概率较低,其 Similarity 值较小说明它与同组其他 DNA 分子的反链发生错配的概率较低,其 Continuity 值和 Hairpin 值较小说明它自身形成不期望的二级结构的概率较低。

对于一组 DNA 序列,如果其中的 DNA 分子的 GC 含量和解链温度基本一致,则它们具有相似的化学性质,利于 DNA 计算中的反应顺利进行。如果这组 DNA 序列中的每个 DNA 分子的 H-measure、Similarity、Continuity、Hairpin 值都较小,说明在 DNA 计算中,这组 DNA 序列发生非特异性杂交的可能性较小,这样就保证了 DNA 计算的有效性。

　　然而，由于多个目标函数的相互冲突（特别是 Similarity 和 H-measure），有的目标函数值低，而其他目标的函数值可能会高。因此，对于一组 DNA 分子，我们以所有 DNA 分子的单项目标函数值的和作为这组 DNA 序列的评价指标。对于一组 DNA 序列，我们取这组 DNA 序列中的 $f_\text{H-measure}, f_\text{Similarity}, f_\text{Continuity}, f_\text{Hairpin}$ 上的和作为评价标准。即对于一组 DNA 序列，四个目标函数值的和越小，DNA 序列越符合要求。则对于一组 DNA 序列 $X = (X_1, X_2, \cdots, X_n)$，其评价指标为：

$$f_\text{H-measure} = \sum_{i=1}^{n} f_{X_i, \text{H-measure}} \tag{4-1}$$

$$f_\text{Similarity} = \sum_{i=1}^{n} f_{X_i, \text{Similarity}} \tag{4-2}$$

$$f_\text{Continuity} = \sum_{i=1}^{n} f_{X_i, \text{Continuity}} \tag{4-3}$$

$$f_\text{Hairpin} = \sum_{i=1}^{n} f_{X_i, \text{Hairpin}} \tag{4-4}$$

式中，$f_{X_i, \text{h-measure}}, f_{X_i, \text{Similarity}}, f_{X_i, \text{Continuity}}, f_{X_i, \text{Hairpin}}$ 分别表示 DNA 序列 X_i 的 H-measure，Similarity，Continuity，Hairpin 值。

4.2　算法参数选择

　　在本书算法中，涉及的参数有很多。在种群初始化时，参数有寻优种群和精英种群的大小设置，以及种群个体 DNA 序列的长度。在动态精英选择算法中，种群个体的适应度值计算是采用各目标的曼哈顿距离加权求和的方式，那么就需要事先确定各个目标上的曼哈顿距离权重；因为在精英个体选择过程中，为每个个体又新添了两个目标，所以动态精英选择算法中涉及的权重参数应该有 8 个，而不是 6 个。本书算法的进化策略选择的是粒子群优化算法，粒子群优化算法的性能本身与其参数有较大的关系，所以粒子群参数的设置也不能忽略。

以上这些参数可以分为三类：种群参数、粒子群参数、各目标的曼哈顿距离权重参数。本书算法中需要设置的参数如表 4.1 所示。

表 4.1　本书算法的参数列表

参数类别	参数	描述
种群参数	N	寻优种群的大小
	M	需要的 DAN 序列条数，也是精英种群的大小
	L	DNA 序列长度
粒子群参数	ω	粒子惯性权重
	c_1	自身加速度，自身学习因子
	c_2	社会加速度，社会学习因子
各目标的曼哈顿距离权重参数	$\omega_{\text{H-measure}}$	H-measure 的曼哈顿距离权重
	$\omega_{\text{Similarity}}$	Similarity 的曼哈顿距离权重
	$\omega_{\text{Continuity}}$	Continuity 的曼哈顿距离权重
	ω_{Hairpin}	Hairpin 的曼哈顿距离权重
	ω_{GC}	GC 含量的曼哈顿距离权重
	ω_{Tm}	Tm 的曼哈顿距离权重
	$\omega_{\text{vio-H-measure}}$	vio-H-measure 的曼哈顿距离权重
	$\omega_{\text{vio-Similarity}}$	vio-Similarity 的曼哈顿距离权重

4.2.1　种群参数

按照本书算法的思路，算法结束时精英种群中的个体所构成的一组 DNA 编码序列即是 DNA 编码问题的解，所以精英种群的大小 M 应为所要求解的 DNA 编码序列的条数，而 DNA 序列长度 L 则是所要求解的 DNA 编码序列的长度。若需要求解 7 条长度为 20 的 DNA 序列，则本书算法中的 $M=7, L=20$。

寻优群的大小 N 是一个整数型参数，表示种群中个体的个数。当 N 较小时，种群中个体过少，算法每次搜索的区域有限，搜索效率较低；当 N 较大时，种群中个体较多，搜索覆盖面广，搜索效率较高，但是同时也需要较多的计算时间，而且当种群中粒子数目达到一定程度后，算法的性能将不会有显著提升。因此，需要设置合理的寻优种群大小 N，来平衡搜索效率和计算时间。

精英种群是从上一代精英种群和寻优种群中通过精英选择算法选择出来的，若一个个体被选为精英，则说明它相对于其他个体具有一定的优越性。如果寻优种群的大小小于精英种群的大小，那么说明一个种群中大部分的个体都是精英个体，这不符合精英的定义。我们就需要设置较大的寻优种群，来保证精英种群的优越性。因此，我们定义了一个精英比例系数来表示寻优种群和精英种群的大小关系，如式（4-5）所示。

$$N = T \times M \tag{4-5}$$

式中，精英比例 T 取大于 1 的整数。若 T 设置过小，则难以保证精英种群的优越性；若 T 设置过大，则寻优种群过大，需要较多的计算时间。因此我们需要设置较为合理的精英比例，在本书中我们取 $T = 10$，即每 10 个寻优个体中有 1 个精英。

4.2.2　粒子群参数

在粒子群算法中，c_1、c_2 为加速常数。c_1 为粒子飞向自身所经历的最好位置的加速度，如果设置较小，则不能很好地借鉴自身的飞行经验；如果设置较大，则自身经验对粒子飞行的影响较大，容易造成粒子在局部范围内徘徊。c_2 为粒子飞向全局最优的加速度，如果设较小，则不能很好地参考种群其他粒子的经验；如果设置较大，则粒子容易过早飞到全局最优位置，造成算法陷入局部最优。

惯性权重 ω 是上一次迭代的速度对下一次迭代的速度的影响程度，它对于算法的收敛性和种群的探索能力有着重要的影响。当 $\omega \geqslant 1$ 时，速度随时间的增大而增大，粒子无法改变自身的运动方向，无法达到要搜索的区域，种群变得发散；当 $\omega < 1$ 时，随时间的增大，粒子速度不断减小，种群逐渐收敛。

对于粒子群中参数 ω, c_1, c_2 的选择，文献[45]对离散粒子群算法的参数设置和动态性能作出了理论研究和实践证明，认为在满足式（4-6）的条件下，粒子群算法是稳定收敛的。图 4.1 是根据离散数学求解的系统特征根的区域分布图，其中，横坐标为惯性权重 ω，纵坐标为加速因子 $c = (c_1 + c_2) / 2$。

$$\begin{cases} -1 < \omega < 1 \\ 0 < c_1 + c_2 < 4(1 + \omega) \end{cases} \tag{4-6}$$

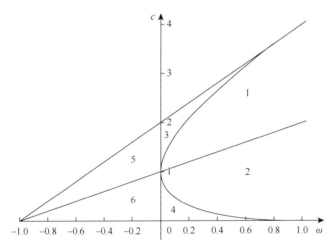

图 4.1　粒子群参数系统特征根区域分布图

我们用 1~6 为图 4.1 中的六个区域进行标号，并在各个区域中任意选取一组参数，在求解 7 条长度为 20 的 DNA 编码序列的问题上进行了收敛性试验。各区域参数选择如表 4.2 所示。

表 4.2　各区域测试参数值

区域	参数
1	$\omega = 0.56, \ c = 1.68$
2	$\omega = 0.67, \ c = 1.61$
3	$\omega = 0.18, \ c = 2.2$

续表

区域	参数
4	$\omega = 0.33,\ c = 0.1$
5	$\omega = -0.33,\ c = 1$
6	$\omega = -0.33,\ c = 0.1$

在这里，我们以精英种群的评价指标的和作为收敛评价标准，在其他参数设置为：$M = 7$，$L = 20$，$N = 70$，$\omega_{\text{H-measure}} = \omega_{\text{vio-H-measure}} = 2$，$\omega_{\text{Similarity}} = \omega_{\text{vio-Similarity}} = 3$，$\omega_{\text{Continuity}} = \omega_{\text{Hairpin}} = \omega_{\text{GC}} = \omega_{\text{Tm}} = 1$ 的情况下，最大迭代次数为 500，对六个区域的粒子群参数进行了收敛性测试，各区域的收敛性如图 4.2 所示。

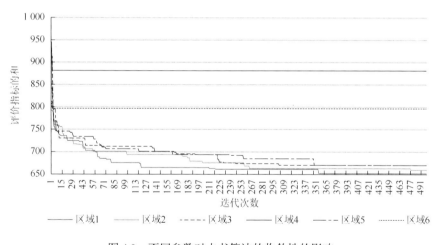

图 4.2　不同参数对本书算法的收敛性的影响

从图 4.2 中可以看出，在区域 1 和区域 2 中，粒子群算法有较好的收敛性。在区域 3 和区域 5 中，收敛速度较慢，而且收敛结果不好。在区域 4 和区域 6 中，算法收敛一定程度后停滞，陷入局部最优，且结果不好。综上，本书实验选择在区域 1 中取值，粒子群参数设置为 $\omega = 0.56, c_1 = c_2 = 1.68$。

4.2.3　各目标的曼哈顿距离权重参数

在计算粒子适应度值时，需要用到各个目标的曼哈顿距离权重。各个目标之间存在冲突，如果没有设置好各个目标的权重，可能导致最后的结果出现某个目标很差的情况。

在本书算法个体适应度值的计算中，在一定程度上可以认为各目标之间的重要性是相等的，因为各目标的曼哈顿距离值都是在[0, 1]，且体现的是个体目标在种群中的相对优劣。因此，我们将各目标的权重设置为相等，即都为 1，然后进行实验测试。为了方便展示，我们选取两个目标 H-measure 和 Similarity，观察在 2 000 次迭代中，精英种群的 H-measure 值和 Similarity 值的相关性散点图。如图 4.3 所示，图中每个点表示一次迭代，图中的箭头表示精英种群进化的方向。从图 4.3 中可以看出，种群进化过程中，精英种群的 Similarity 值在增大，H-measure 值在减小，最后 H-measure 值变成了 0，Similarity 值变得很大。而 Similarity 值较大会导致 DNA 序列与同组 DNA 序列的反链发生非特异性杂交的可能性变大，这不符合 DNA 编码要求。

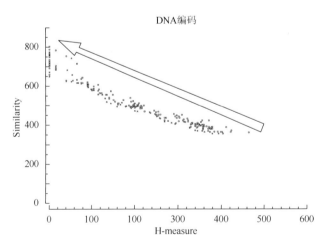

图 4.3　精英种群的 H-measure 和 Similarity 值的相关性散点图（a）

导致这种情况的原因是在种群进化过程中 H-measure 和 Similarity 是与种群环境有关的约束条件,在种群不断变化过程中,同一个体的 H-measure 值和 Similarity 值波动较大,且在粒子群优化过程中,个体运动都在一定程度上向精英种群移动,可能导致个体之间的相似性变大。因此,我们在设置曼哈顿距离权重时,将环境有关的约束条件的权重设置较大,来优先满足环境有关的目标个体,且将 Similarity 值的权重设置得要比 H-measure 值的权重稍大,以此来平衡个体都向精英种群移动的问题。综上,本书算法中各目标的曼哈顿距离权重设置为:

$$\omega_{\text{H-measure}} = \omega_{\text{vio-H-measure}} = 2$$
$$\omega_{\text{Similarity}} = \omega_{\text{vio-Similarity}} = 3$$
$$\omega_{\text{Continuity}} = \omega_{\text{Hairpin}} = \omega_{\text{GC}} = \omega_{\text{Tm}} = 1$$

图 4.4 展示了在以上权重设置下,2 000 次迭代中,精英种群的 H-measure 和 Similarity 值的相关性散点图,从图 4.4 中精英种群进化方向可以看出,本书关于曼哈顿距离权重的考虑是正确的。

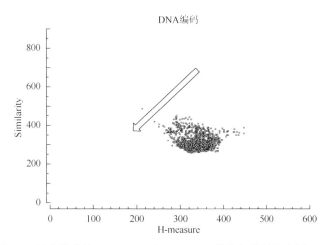

图 4.4　精英种群的 H-measure 和 Similarity 值的相关性散点图(b)

4.3　实验结果与分析

本书算法采用 Qt C＋＋实现,并在一台个人计算机(PC)(运行环境为 intel® Core™ i5-8400 CPU @ 2.802GHz、8G 内存、Windows 10)上进行测试。为验证本书算法的有效性，我们用本书算法分别生成了 7 条长度为 20 的 DNA 序列，14 条长度为 20 的 DNA 序列，以及 20 条长度为 15 的 DNA 序列，并与文献[15]以及文献[28]的结果进行了对比分析。

在文献[15]中，Shin 等以一组 DNA 序列作为个体，利用基于非支配排序的带有精英策略的多目标优化算法（NSGA-II）设计了一个 DNA 编码系统（NACST/Seq）。NSGA-II 是一个十分经典且高效的多目标进化算法，Shin 等将其应用到 DNA 编码问题中，得到了质量较高的 DNA 编码序列。通过与 NSGA-II 算法的对比，可以验证本书算法关于以单链 DNA 序列作为个体的可行性。

在文献[28]中，郑学东直接以 DNA 编码序列作为个体，在单链 DNA 序列集合上引入 h 距离，将聚类小生境技术应用于小种群遗传算法的构造，对 DNA 编码优化问题进行了求解[28]。郑学东提出的聚类小生境遗传算法与本书算法一样，都是以单链 DNA 作为种群中的个体。通过与聚类小生境遗传算法比较，可以验证本书算法提出的动态精英选择策略的有效性。

4.3.1 长度为 20 的 7 条 DNA 编码结果比较

在长度为 20 的 7 条 DNA 编码设计中，本书算法参数设置为：寻优种群大小 $N = 70$，精英种群大小 $M = 7$，DNA 长度 $L = 20$。算法最大迭代次数为 500。

文献[15]、文献[28]以及本书算法的 7 条长度为 20 的 DNA 编码序列结果如表 4.3~4.5 所示，它们之间的编码序列评价指标比较如图 4.5 所示。

表 4.3　文献[15]中长度为 20 的 7 条 DNA 编码序列

DNA 序列（5′→3′）	Continuity	Hairpin	H-measure	Similarity	Tm	GC
CTCTTCATCCACCTCTTCTC	0	0	43	58	49.2774	50
CTCTCATCTCTCCGTTCTTC	0	0	37	58	48.7871	50
TATCCTGTGGTGTCCTTCCT	0	0	45	57	49.3981	50
ATTCTGTTCCGTTGCGTGTC	0	0	52	56	49.0493	50
TCTCTTACGTTGGTTGGCTG	0	0	51	53	49.3425	50
GTATTCCAAGCGTCCGTGTT	0	0	55	49	49.9792	50
AAACCTCCACCAACACACCA	9	0	55	43	49.6702	50
合计	9	0	338	374		

表 4.4　文献[28]中长度为 20 的 7 条 DNA 编码序列

DNA 序列（5'→3'）	Continuity	Hairpin	H-measure	Similarity	Tm	GC
TACGACGCTGTGCTAGATGA	0	0	70	58	47.8524	50
ACACTGTCGAGAGATGCACA	0	0	74	54	47.3596	50
AGTGCGACGTGATATCTGTC	0	3	69	61	49.2754	50
TGGCTGCGTTCTGAGATGTA	0	0	64	60	47.4661	50
TCGTACAGTCGGCGTAATGA	0	3	62	57	49.0907	50
TCTCTCTCGTGTGTGCTTCT	0	0	68	56	46.2301	50
TCAGCGCTACCTCAACATCA	0	0	67	56	47.4661	50
合计	0	6	474	402		

表 4.5　本书算法生成的长度为 20 的 7 条 DNA 编码序列

DNA 序列（5'→3'）	Continuity	Hairpin	H-measure	Similarity	Tm	GC
TCTCTCTCGCTCGATCTCTT	0	0	41	56	45.2026	50
TTCTGCTCCTCTCGTCTCTT	0	0	39	59	45.6863	50
TTCTGCCTTGTCGCTTCCTT	0	0	40	57	46.3157	50
AGAACGGCAAGAACGGAAGA	0	0	72	27	46.9845	50
TCTTGGTGCTGGTAGGTGTT	0	0	51	50	48.8434	50
TCTTCGCTCCTTGCCTTCTT	0	0	43	58	45.7303	50
TCTCAGTGTCTCTCCTCGTT	0	0	44	59	46.8196	50
合计	0	0	330	366		

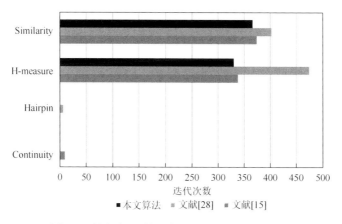

图 4.5　长度为 20 的 7 条 DNA 序列结果对比图

从表 4.3～表 4.5 中可以看出，三种算法所生成的 7 条长度为 20 的 DNA 序列的 GC 含量都是 50%，且它们的解链温度也基本保持一致。文献[15]、文献[28]、本书算法的结果中，解链温度的平均值分别为 49.4265、47.8201、46.5118，其中本书算法结果在满足解链温度一致的情况下，具有较低的解链温度，符合本书算法想要降低解链温度，减少 DNA 计算所需能量的预期。

从图 4.5 中的算法结果对比中可以看出，本书算法所生成的 DNA 序列的 Hairpin 值和 Continuity 值减小为 0，而文献[15]中的 Continuity 值为 9，文献[28]中的 Hairpin 值为 6，本书算法可以有效地减少 DNA 单链不期望的二级结构出现的可能性。本书算法结果的 H-measure 值和 Similarity 值，相对于文献[28]，有了明显的减小，相对于文献[15]也有所减小，这意味着编码序列之间非特异性杂交发生的可能性有所降低，提高了 DNA 计算的可靠性。总体说来，在求解 7 条长度为 20 的 DNA 编码序列问题上，本书基于多目标粒子群的 DNA 编码设计方法是有效的，而且相比于文献[15]中的 NSGA-II 算法以及文献[28]中的小种群遗传算法具有一定优越性。

4.3.2 长度为 20 的 14 条 DNA 编码结果比较

在长度为 20 的 14 条 DNA 编码设计中，本书算法参数设置为：寻优种群大小 $N = 140$，精英种群大小 $M = 14$，DNA 长度 $L = 20$。算法最大迭代次数为 500。

文献[15]、文献[28]以及本书算法的 14 条长度为 20 的 DNA 编码序列结果如表 4.6～4.8 所示，它们之间的编码序列评价指标比较如图 4.6 所示。

表 4.6　文献[15]中长度为 20 的 14 条 DNA 编码序列

DNA 序列（5′→3′）	Continuity	Hairpin	H-measure	Similarity	Tm	GC
GTGACTTGAGGTAGGTAGGA	0	3	129	115	50.384 0	50
ATCATACTCCGGAGACTACC	0	3	132	121	50.690 0	50
CACGTCCTACTACCTTCAAC	0	0	128	121	51.719 7	50
ACACGCGTGCATATAGGCAA	0	3	141	117	48.735 0	50
AAGTCTGCACGGATTCCTGA	0	3	132	115	47.446 6	50
AGGCCGAAGTTGACGTAAGA	0	0	132	116	47.895 3	50

续表

DNA 序列（5′→3′）	Continuity	Hairpin	H-measure	Similarity	Tm	GC
CGACACTTGTAGCACACCTT	0	0	132	123	49.566 4	50
TGGCGCTCTACCGTTGAATT	0	0	135	116	47.906 7	50
CTAGAAGGATAGGCGATACG	0	0	134	117	51.267 7	50
CTTGGTGCGTTCTGTGTACA	0	0	140	116	49.835 3	50
TGCCAACGGTCTCAACATGA	0	0	132	121	48.279 0	50
TTATCTCCATAGCTCCAGGC	0	0	136	117	49.274 6	50
TGAACGAGCATCACCAACTC	0	0	121	121	48.648 2	50
CTAGATTAGCGGCCATAACC	0	0	127	119	51.499 9	50
合计	0	12	1851	1655		

表 4.7　文献[28]中长度为 20 的 14 条 DNA 编码序列

DNA 序列（5′→3′）	Continuity	Hairpin	H-measure	Similarity	Tm	GC
CGCATCTGATGTGAGTGAGA	0	3	143	131	48.312 3	50
CAGAGTCTGCTGTACATCGT	0	3	142	130	48.926 9	50
GTGTGCTACTCGTGCGTATA	0	3	142	122	50.212 9	50
GTGTTAGAGTCGCGACATGA	0	3	144	130	49.026 1	50
CACACTCTCATCATCCTCCA	0	0	139	122	49.365 8	50
CGTCGTCATACACAGAGTGA	0	0	132	152	49.825 7	50
GTCACACTGCTCATCGTAGA	0	0	131	133	48.909 8	50
GTCTCACAGCGATATCACGA	0	3	154	121	48.999 3	50
CAGCGCTATAGTGACACAGA	0	3	128	141	48.987	50
GTGCAGATGAGTGAGAGTGA	0	0	145	148	47.932 5	50
GTAGCGCATGTACACTCAGA	0	3	153	125	49.247 6	50
CTGACACTCGCCATATCGTA	0	3	139	128	50.182 6	50
CTAGCTGCGCGTATCATACA	0	3	140	130	49.411 0	50
GTCAGAGAGCGTACTGTTCA	0	3	129	145	48.380 7	50
合计	0	30	1961	1858		

表 4.8　本书算法生成的长度为 20 的 14 条 DNA 编码序列

DNA 序列（5′→3′）	Continuity	Hairpin	H-measure	Similarity	Tm	GC
GTGTTCTGTCGTTCGCTCTT	0	0	109	117	47.891 5	50
TGGTGTTGTTGTTGCCGTTG	0	0	114	95	50.141 3	50
AATTCTCCGTCTGCCTCCTT	0	0	113	113	47.212 0	50
CTGTCTAGCGTTCCTTGCTT	0	0	112	113	47.906 6	50
TCTCTTCCTTCTCCTTCCTC	0	0	95	120	47.496 1	50

续表

DNA 序列（5′→3′）	Continuity	Hairpin	H-measure	Similarity	Tm	GC
AACCAGAGGAGGAATAGACC	0	0	129	99	49.830 3	50
ACTCTACACTCTCACACACC	0	0	107	118	49.678 3	50
AACTTCATCTACGCCTCACC	0	0	110	112	49.305 7	50
TCTTCTCTGCTTGGCTCTTC	0	0	100	118	46.296 7	50
CACGGACAATACGCAAGCAA	0	0	125	102	49.398 5	50
ACTAACACCGTAACAGCACC	0	0	113	109	50.755 7	50
GGACGAGATAAGGATGAACG	0	0	130	97	50.888 9	50
ACTCTCCAATGCATCACACC	0	0	108	114	49.388 6	50
TGGAATATGGTTGCAGGAGG	0	0	127	103	50.368 4	50
合计	0	0	1592	1530		

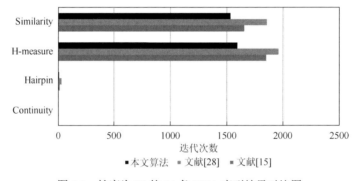

图 4.6　长度为 20 的 14 条 DNA 序列结果对比图

从表 4.6～表 4.8 中可以看出，三种算法所生成的 14 条长度为 20 的 DNA 序列的 GC 含量保持高度一致，都是 50%，且解链温度保持基本一致。文献[15]、文献[28]、本书算法的结果中，解链温度的平均值分别为 49.510 6、49.122 9、49.039 9，本书算法依然具有相对较低的解链温度。

从图 4.6 中可以看出，本书算法生成的长度为 20 的 14 条 DNA 序列相对于文献[15]和文献[28]的结果，四个评价指标均明显减少。此外，本书算法生成的 14 条长度为 20 的 DNA 编码序列的 Hairpin 值和 Continuity 值均为 0，与生成的 7 条长度为 20 的 DNA 序列的结果一致，说明本书算法具有较好的稳定性，能够在 Hairpin 值和 Continuity 值保持为 0 的情况下，优化 H-measure 值和 Similarity 值，且优化效果明显。

4.3.3　长度为 15 的 20 条 DNA 编码结果比较

如何在保证编码质量的情况下，搜索到更多的 DNA 编码序列，是 DNA 编码中的一个很重要的问题。所以我们用本书算法产生了长度为 15 的 20 条 DNA 编码序列，并将结果与文献[15]、文献[28]的结果进行了对比。

在长度为 15 的 20 条 DNA 编码设计中，本书算法参数设置为：寻优种群大小 $N = 200$，精英种群大小 $M = 20$，DNA 长度 $L = 15$。算法最大迭代次数为 500。

文献[15]、文献[28]以及本书算法的 20 条长度为 15 的 DNA 编码序列结果如表 4.9~表 4.11 所示，它们之间的编码序列评价指标比较如图 4.7 所示。

表 4.9　文献[15]中长度为 15 的 20 条 DNA 编码序列

DNA 序列（5′→3′）	Continuity	Hairpin	H-measure	Similarity	Tm	GC
AAGAAAGGCGAAGAA	9	0	116	124	39.160 8	40
CAACAAGAGCACATA	0	0	109	150	43.302 3	40
CAACAGGACAAACGA	9	0	104	151	40.320 1	46.67
AACCACCACTTCCTA	0	0	107	153	40.241 2	46.67
TCTCTCACACATCTC	0	0	107	140	39.257 0	46.67
AACAGCCTAACCGTA	0	0	115	146	40.050 0	46.67
TGCATCCTTTCCTCT	9	0	125	121	37.546 7	46.67
GGCATAACCACTCTT	0	0	124	143	40.837 5	46.67
GAAGGCAGTCACTTA	0	0	136	123	39.561 0	46.67
AAAAAGCACAGCTAC	25	0	108	147	41.676 2	40
CCAAACAAACCGAGA	18	0	96	154	40.297 7	46.67
AACGACAACGAACAA	0	0	97	160	41.677 3	40
CACAACCTAACACCA	0	0	85	162	42.263 2	46.67
CAATCCTTCTCGTTC	0	0	129	129	40.912 5	46.67
CAACAAACAGGCTAC	9	0	105	159	41.973 3	46.67
CCACTACATCTCTAA	0	0	117	157	44.511 7	40
GGTTATCTATCTCCA	0	0	135	133	44.945 5	40
CATCCACCTCAATTC	0	0	107	140	42.450 9	46.67
AACTACGGACCTATT	0	0	123	131	43.778 0	40
ACACCATAACAACAC	0	0	85	161	45.533 1	40
合计	79	0	2230	2884		

表 4.10　文献[28]中长度为 15 的 20 条 DNA 编码序列

DNA 序列（5′→3′）	Continuity	Hairpin	H-measure	Similarity	Tm	GC
TCAGAGTGTGCATCT	0	0	151	147	37.650 7	46.67
AGATGACGCAGTAGT	0	0	163	156	38.597 3	46.67
AGCACTAGCTCACAT	0	0	165	143	37.743 6	46.67
TATGCGACATGCTCT	0	0	151	152	38.364 8	46.67
ATCATCGACTGCTGT	0	0	155	136	38.263 1	46.67
AGTAGCGCATGAGTA	0	0	164	138	38.699 3	46.67
ATACGCACATGCTCT	0	0	158	148	38.741 0	46.67
ACTGAGATACTGCGT	0	0	174	143	38.597 3	46.67
TGTACACTAACGCGT	0	0	157	142	40.174 6	46.67
ATGCTACGCTCTCAT	0	0	153	144	37.976 8	46.67
AGCGTATCTCATGCT	0	0	164	141	37.976 8	46.67
AGCTATGACACTGCT	0	0	159	146	37.743 6	46.67
TGTGTGTGTCGTAGT	0	0	142	157	40.384 3	46.67
TCACTGTGTCGCTAT	0	0	155	153	38.986 2	46.67
TCTGTCACAGTCGTT	0	0	149	161	38.334 9	46.67
AGACACAGTCGTCAT	0	0	169	154	38.885 0	46.67
ACTGCAATGCGTATG	0	0	170	142	40.683 6	46.67
AGACAGATTGTGCGA	0	0	151	136	37.704 9	46.67
TGTCTCTGTTGCAGT	0	0	151	151	37.464 3	46.67
AGTAGTGTGAGCAGT	0	0	153	142	38.368 6	46.67
合计	0	0	3154	2932		

表 4.11　本书算法生成的长度为 15 的 20 条 DNA 编码序列

DNA 序列（5′→3′）	Continuity	Hairpin	H-measure	Similarity	Tm	GC
AAGGAGCAGGAGGAA	0	0	95	136	34.003 6	53.33
TTCCTCTCCTCTCCT	0	0	151	69	34.047 3	53.33
AGAGAGAGAGAGAGA	0	0	81	135	35.080 2	46.67
GGAAGGCAGGAAGAA	0	0	87	139	35.653 7	53.33
AGAGAGGCCAAGGAA	0	0	103	136	34.003 6	53.33
AAGAAGCGCGGAGAA	0	0	99	134	32.511 9	53.33
TTCGCTCTCGCTCTT	0	0	142	86	31.778 5	53.33
TGTGGTGTGGTGTGT	0	0	92	126	38.122 6	53.33
TGTTGGCTGGTTGGT	0	0	115	115	36.461 1	53.33

续表

DNA 序列（5′→3′）	Continuity	Hairpin	H-measure	Similarity	Tm	GC
TGTGTGTGTGTGTGT	0	0	97	106	40.581 3	46.67
TTGCTGCTGCTGCTT	0	0	132	103	31.662 5	53.33
TGTTCCGCTTCGTGT	0	0	125	106	35.061 3	53.33
AAGGCAAGGACGGAA	0	0	100	129	34.862 3	53.33
GGAGGAGGTGAAGAA	0	0	88	134	36.506 0	53.33
ACCACCTCTCAACCA	0	0	143	89	36.491 3	53.33
GAGAGAGAGAGAGAG	0	0	82	137	35.080 2	53.33
AAGAGGCGCGAAGAA	0	0	99	134	32.511 9	53.33
GGAAGGAAGGAAGAA	0	0	79	140	38.992 2	46.67
AAGGCCGACCAAGAA	0	0	114	120	34.862 3	53.33
GTTGTGCTCTGTGGT	0	0	116	113	36.996 6	53.33
合计	0	0	2140	2387		

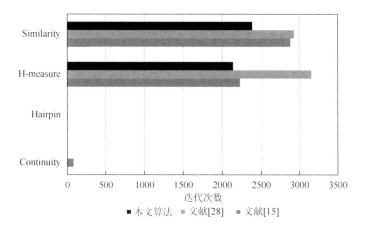

图 4.7　长度为 15 的 20 条 DNA 序列结果对比图

　　从表 4.9～表 4.11 中可以看出，文献[28]的长度为 15 的 20 条 DNA 序列的结果的 GC 含量高度一致，均为 46.67%，文献[15]和本书算法的 GC 含量基本一致，三种算法的解链温度基本一致，且本书算依然具有相对较低的解链温度。

　　从图 4.7 中可以看出，本书算法所产生的 20 条长度为 15 的 DNA 序列的 Hairpin 值和 Continuity 值依然保持为 0，且 H-measure 值和 Similarity 值明显小于文献[15]

和文献[28]中结果的值。这说明在编码数目较多的情况下，本书算法依然能够得到较高质量的 DNA 编码序列。但是在实验中我们发现，当编码数目变多，寻优种群变大时，本书算法所需的计算时间显著变长。针对这种情况，可以通过适当减少精英系数来降低寻优种群的大小，从而在保证 DNA 编码质量的同时减少算法计算时间。

第5章　核酸分子二级结构预测

5.1　核算分子二级结构预测研究进展

核酸是目前已知的生命中最重要的组成部分之一，它广泛地存在于所有动植物细胞、微生物体内，并在生命个体的遗传和进化过程中起着至关重要的作用。在过去的二十年中，对核酸分子的研究一直都是热点。研究人员发现核酸分子能够折叠自身，从而形成不同的二级结构。随着研究的不断深入，研究人员还发现核酸分子不仅对研究生物的进化有着深远影响，在其他领域，如生物分子计算、生物传感器、靶向药物治疗等方面也有着重要意义。另一方面，利用核酸分子自组装的 DNA 计算技术，可以有效地求解复杂组合优化问题。

核酸碱基在氢键的作用下相互绑定形成各种二级结构，假结是一种比较特殊且复杂的结构，并且很多核酸分子中都被发现真实含有假结结构。目前，忽略假结结构进行核酸分子二级结构预测，已经有许多成熟的多项式算法，如动态规划算法；但是，对于含有假结的核酸分子的二级结构预测，迄今还没有有效的算法能够在多项式时间内求解，该问题已经被证实为 NP（non-deterministic polynomial）完全问题。诸如此类的 NP 完全问题都没有有效的多项式时间算法可以求解，如旅行商问题（traveling salesman problem，TSP）、图着色问题（graph coloring problem，GCP）、最大团问题（maximum clique problem，MCP）等。

在预测核酸分子二级结构的过程中，用 X 射线晶体衍射、核磁共振等方法测定其二级结构，都会消耗大量的时间和金钱，所以通过设计算法来预测二级结构就成为了主流的研究方向。1981 年，Zuker 和 Stiegler 提出了基于分子最小自由能的动态规划模型来求解该问题的方法，但是这种算法并不适合求解较长的分子序列，算法复杂度高、耗时长，且无法预测假结结构；此后研究的热点逐渐转向了基于启发式算法来预测含假结的核酸二级结构，比如 HotKnots、布谷鸟搜索算法等。启发式算法的运行效率要明显高于动态规划算法，但是却无法保证能搜索到全局最优结构。因此，设计有效的算法来预测含假结的核酸分子的二级结构具有重要意义。

核酸分子二级结构预测问题中存在许多因素影响着算法的性能，分子序列的长度就是比较明显的因素之一，长链核酸分子可能包含着几千到几百万不等数量的碱基。而对于这种规模较大的核酸分子，动态规划算法无法处理，而启发式算法也需要花费较长的时间来收敛。为了有效地解决这个问题，将算法的一部分交由运算能力更强的图形处理器（graphic processing unit，GPU）来处理就成为了一种选择。相对于传统的基于中央处理器（CPU）的运算模式，GPU 则具有更强大的并行计算能力，CPU 和 GPU 进行计算的部分都是算术逻辑单元（arithmetic logic unit，ALU），而 GPU 拥有数以千计的运算核心 ALU，而且是超大阵列排布的，这些 ALU 都是可以并行计算的，所以就具有了相当可观的计算速度；相比起来，CPU 的核心都需要分配给控制单元和缓存（cache），这是由于 CPU 要承担整个计算机的控制工作，并没有 GPU 那么单纯。所以 GPU 和计算机统一设备架构（compute unified device architecture，CUDA）、开放运行语言（open computing language，OpenCL）等并行计算技术的高速发展，对提高智能算法的效率也有着重要意义。

针对以上几点，本书提出一种基于遗传算法的预测含假结的核酸二级结构的方法。在传统的遗传算法的框架下，本书设计种群初始化、交叉算子、变异算子等，同时也定义了评价个体的适应度函数。另一方面，为提高算法效率，本书选择 NVIDIA 公司推出的 CUDA 编程模型，将算法中几个重要的过程交由 GPU 进行计算，利用 CUDA 技术将其并行化。最后，利用 PseudoBase 数据库的核酸实例进行测试，并与 ProbKnot、Mfold、HotKnots 等其他著名的核酸二级结构预测算法进行比较，分析结果证明本书算法的有效性。

5.2　核酸分子的二级结构简介

5.2.1　核酸分子基本结构

核酸分子通常分为两类：脱氧核糖核酸（DNA）和核糖核酸（RNA）。DNA 是由脱氧核糖核苷酸通过磷酸二酯键连接而成的，而 RNA 分子中则是由核糖核酸代替了脱氧核糖核苷酸。在 RNA 分子中，尿嘧啶（uracil，U）取代了胸腺嘧啶，因此在 RNA 分子中不存在胸腺嘧啶（thymine，T），尿嘧啶的结构如图 5.1 所示。

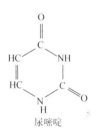

图 5.1　尿嘧啶结构

在 RNA 分子结构中，核苷酸中的磷酸基团将分别与核糖的 3′端和另一个核苷酸分子的核糖的 5′端进行连接，形成磷酸二酯键，若该核糖核苷酸分子通过这一方式连续进行连接，形成一条以 5′端开始到 3′端结束的核苷酸序列，就形成单链 RNA 分子。在研究中，为了方便地表示 RNA 分子序列，通常使用 A、G、C、U 四个字母来表示组成 RNA 的四种碱基，并用 5′标注序列的开头和用 3′标注序列的结尾，例如，APLV 的分子序列可以表示为：

5′-CGGGUGCGACUCCCCCCCCUCCUGUGGGCUACAGGAACCA-3′

四种碱基之间会进行配对，这种配对通过氢键连接碱基而构成，腺嘌呤和尿嘧啶通过两个氢键连接构成 AU 配对（在 DNA 中是 AT 配对），鸟嘌呤和胞嘧啶通过三个氢键连接形成 GC 配对，鸟嘌呤和尿嘧啶借由一个氢键连接形成 GU 配对，配对的稳定性与氢键数量成正比。AU 和 GC 配对被称为典型 Watson-Crick 配对，GU 配对被称为非典型摆动配对。

RNA 与 DNA 虽然同为核酸类型分子，但是存在着三点主要区别。

（1）DNA 分子通常是双链螺旋结构，而 RNA 一般都是单链分子，但可以通过自身的碱基配对从而形成单链的双螺旋结构，并且 RNA 分子一般比 DNA 分子短。

（2）DNA 分子由脱氧核糖构成，RNA 分子由核糖构成。

（3）组成 DNA 分子的四种碱基是 A、G、C、T，组成 RNA 分子的四种碱基是 A、G、C、U。

5.2.2　核酸分子的结构分级

一般地，核酸分子结构被分为如下三级结构：

（1）一级结构。一级结构由四种碱基排列而成，即核酸分子序列，如图 5.2 所示。

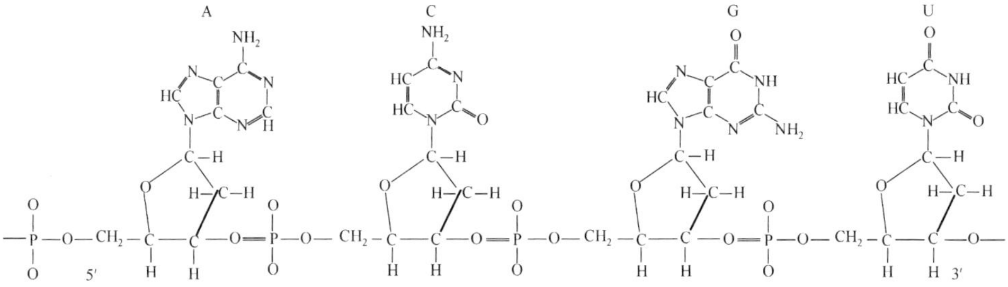

图 5.2　RNA 分子一级结构

（2）二级结构。在一级结构的基础上，核酸分子通过碱基的配对折叠自身，形成二级结构。在二级结构中，连续匹配的碱基对被称为茎区（stem），茎区是一种双螺旋结构；除此之外，茎区和其他未配对的碱基可以形成各种不同的环（loop）结构，茎区和茎区内部未配对的碱基形成的环被称为发卡环（hairpin loop）；组成茎区的两条碱基链上，若只有其中一条链中含有未配对的碱基，那么这两条碱基链形成的环被称为凸环（bulge loop）；若形成茎区的两条碱基链都含有未配对的碱基，那么这两条碱基链形成的环被称为内环（internal loop）；多于两个茎区形成的环结构被称为多分支环（multibranch loop）；除了茎区和环区以外，序列末端存在的未参与碱基配对的单链区域，称为自由单链（free chain）。图 5.3 展示了一个典型的 RNA 分子二级结构。

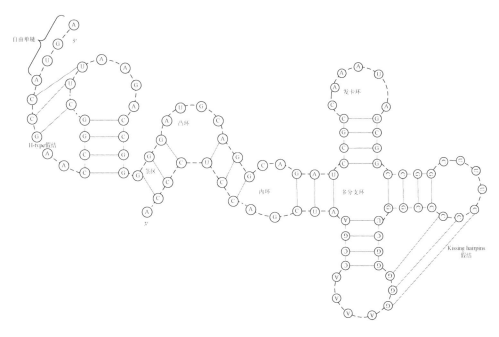

图 5.3　典型的 RNA 分子二级结构

（3）三级结构。三级结构是在二级结构的基础之上，RNA 分子结构中的各个元素之间相互作用，形成的三维立体结构。三级结构相比较于二级结构而言要复杂的多，其复杂的空间结构为三级结构的研究增加了不少困难，所以二级结构的研究就成为了对核酸分子研究的切入点。图 5.4 展示了一种三级结构。

5.2.3　二级结构的表示方法

RNA 分子二级结构目前是各种研究的关注点。由于一级结构只是单纯的碱基

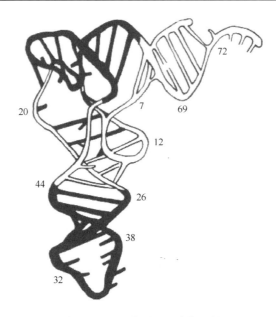

图 5.4　RNA 分子三级结构示例

序列而不包含空间结构信息，三级结构又过于复杂，给研究带来很大的困难，相较之下，二级结构既含有结构信息，又比三级结构容易研究，并且在一定程度上能够根据二级结构绘制出三级结构。因此，二级结构就成为核酸结构研究的切入点。

以 RNA 的二级结构为例，RNA 二级结构存在点阵图、括号图、曲线图、圆顶图、圆圈图、山峰图等多种图形表示方法。图 5.5 展示了六种二级结构的表示方法。

（1）点阵图通过一个 RNA 序列按序作为横纵坐标的二维矩阵表示 RNA 二级结构，若某坐标位置对应横坐标与纵坐标的碱基构成配对，就在坐标位置画一个点，45°方向连续出现的点通过一条斜线连起来表示茎区。

（2）括号图通过点表示未配对的碱基，通过一对括号表示配对碱基，一组括号之间的部分和括号外的部分同样构成括号配对则表示出现假结。

（3）曲线图中的 RNA 序列可以弯曲折叠，碱基配对通过曲线连接表示；曲线图能够直观地展示 RNA 序列的整体结构。

（4）圆顶图将表示 RNA 序列上碱基的点一字排开，通过弧线连接序列上两个碱基点的方式表示碱基配对，连续的一组弧线表示茎区，弧线发生交叉表示出现假结。

（5）圆圈图将 RNA 序列排列成一个由表示碱基的点圆环，用连接两个点的弧线表示碱基配对。与圆顶图类似的，弧线出现交叉表示出现假结。

（6）山峰图用水平直线表示 RNA 序列画在最低层，当两个碱基配对时，则把线上对应位置的点去掉而将剩下的线段画在高一层。茎区可以通过连续多层越来越短的若干横线通过一条中垂线串连表示，层数与茎区长度成正比。

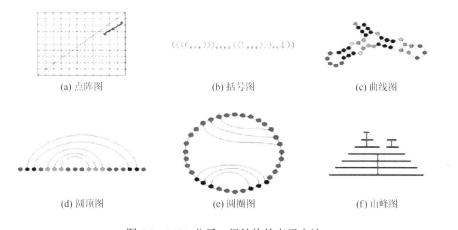

(a) 点阵图　　　　　　　(b) 括号图　　　　　　　(c) 曲线图

(d) 圆顶图　　　　　　　(e) 圆圈图　　　　　　　(f) 山峰图

图 5.5　RNA 分子二级结构的表示方法

5.2.4　假结结构

RNA 的假结结构已经被证明在自然界中是真实存在的，而且是一种非常复杂的结构，所以很多算法都会回避假结问题，从而影响了算法结果的准确性。假结可以定义如下：如果有四个碱基 a，b，c，d，其中 a 与 b 配对，c 与 d 配对，但它们的序列顺序为 a<c<b<d，或者 c<a<d<b，则称碱基对（a,b），（c,d）构成的交错结构为假结。图 5.6 展示了常见的两种假结结构。

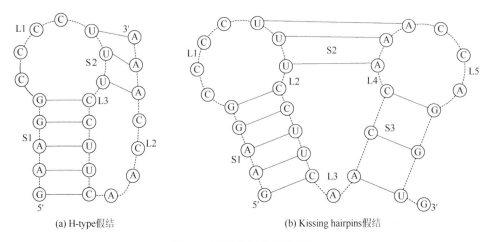

(a) H-type假结	(b) Kissing hairpins假结

图 5.6 两种常见的假结结构

在众多不同的假结结构中，目前被人们广泛关注并研究的是 H-type 假结以及 Kissing hairpins 假结。H-type 假结较为简单和常见，在这种假结结构中，发夹环上的碱基与自由单链上的碱基形成碱基对，使得假结带有两个茎区与两个环区。而在 Kissing hairpins 假结中，两个发卡环上的碱基相互配对而形成了假结，所以就形成了三个环区和三个茎区。Kissing hairpins 假结要比 H-type 假结复杂，所以为了简化算法，会将一个 Kissing hairpins 假结分为两个 H-type 假结来计算。

5.3 二级结构预测方法

预测核酸分子二级结构的问题，本质上就是通过某种方式，找出一级结构序列中的碱基的匹配关系。当分子序列一定时，按照碱基配对原则，可以产生很多种碱基配对方式，但是只有一种配对方式使得分子结构最稳定。一般地，核酸分子自由能越小，其分子结构越稳定，基于这个理论，在过去的几十年中，有许多算法被提出，目的都是在所有可能的二级结构中，得到最稳定的结构。按照解决问题思路的不同，大致上可以分为基于比较序列分析方法和基于最小自由能方法。

5.3.1　基于比较序列分析方法

基于比较序列分析方法预测的精准度是公认比较高的，其预测结果仅仅次于直接测定，而且能够预测假结结构和某些三级结构。但顾名思义，这种方法的思路是在已知结构的序列中，寻找与目标序列的相似序列，通过与已知结构的序列进行多条序列互补碱基的共变比对来推断未知序列的二级结构，所以算法一般需要大量已知结构的序列才能达到理想效果。

一般地，按照比对序列与预测结构的先后顺序，基于比较序列分析法可以被分为三种类型：先比对后预测、比对与预测同时进行、先预测后比对。先比对后预测方法对序列比对的效果有很强的依赖性，这种方法的代表软件有 RNAforester；比对与预测同时进行的方法并不像前者那样依赖高质量的序列对比，但时间复杂度和空间复杂度一般较高，所以基于此算法的软件大多以限制子结构的大小为前提，代表算法有 Sankoff 等；先预测后比对方法相对于前两者应用的场景比较少，因为这种方式需要大量的次优结构，而这些次优结构中包含多少真实结构也难以确定。

比较序列分析方法必须建立在相应数学模型的基础上，常用的包括两种：随机上下文无关语法模型和共变模型。其中前者是不能预测假结的，因此常用共变模型来预测假结，该方法的主要步骤为：

（1）首先从数据库中找出与将要进行预测的序列具有同源性的序列；

（2）按照互补碱基的共变联配准则进行多序列之间的联配；

（3）从联配的情况中获得共变模型的各种参数，然后经过多次训练，优化模型，最终得到一个最优的共变模型作为二级结构输出。

5.3.2　基于最小自由能方法

在已知条件只有一级结构的分子序列时，预测二级结构一般采用基于最小自由能模型预测法。经过研究发现，分子自由能的大小不仅和碱基对自身有关系，相邻的碱基对对自由能的影响也很大。因此 Zuker 等进一步将核酸分子结构分类为茎区和环区，其中环区又包括凸环、内环、发卡环等类型，在此基础上，针对不同的部分采用不同结构的最近相邻（nearest neighbor）自由能参数进行计算，然后将其组合，最后得到一个自由能下对应的二级结构。这种方法的核心思想是：将组成分子二级结构的各个部分当作是相互独立的，且互不影响，各个部分都拥有自己的自由能参数，且各个部分的自由能可以堆积。通过这种方式就可以得到整个分子的自由能，如公式（5-1）所示。

$$E_{i,j} = \min[E_{i+1,j-1} + \alpha_{ij}, \min(E_{i+k,j} + \beta_k), \min(E_{i,j-k} + \beta_k), \min(E_{i,j-k} + \beta_k),$$
$$\min(E_{i+k,j-l} + \gamma_{k+l}), \min(E_{i+k,j'} + E_{i',j-l} + \varepsilon_{k+l+i'-j'}), \delta_{j-i}]$$

（5-1）

式中，α_{ij} 表示碱基 i 和碱基 j 配对的自由能，β_k、γ_k、δ_k、ε_k 则分别代表凸环、内环、多分支环和发卡环的自由能，公式的计算结果为各个部分自由能的堆积，即分子自由能，由此可以得到相应的二级结构。

在二级结构中，环区会吸收热量，提供值为正的自由能，而茎区则释放热量，提供值为负的自由能。因此，结构中茎区的增多，会使整个分子的自由能呈减少的趋势。在此基础上，Nussinov 等又提出了一种基于最大碱基配对的算法，该算法假设碱基配对最多的结构分子自由能最小，其迭代公式如（5-2）所示。

$$N(i,j) = \max\{N(i+1,j), N(i,j-1), N(i+1,j-1) + \delta(i,j),$$
$$\max_{i<k<l}[N(i,k) + N(k+1,j)]\}$$
（5-2）

式中，对于 i 从 1 到 n，$N(i,j)$初始值为 0；对于 i 从 2 到 n，$N(i,i-1) = 0$。最后再从 $N(1,n)$ 回溯，就可以找出所有的茎区。这种方法避免了复杂的自由能计算，所以时间复杂度较低。但是，由于只单纯地考虑了碱基配对的影响，而忽略了环结构对自由能的作用，因此预测精确不高。

从上述分析可以看出，传统的计算分子自由能的算法可以得到自由能最小时的二级结构，而最大碱基匹配相较于前者，虽然时间复杂度上有所降低，但是结果却不一定是分子自由能最小时的结构。另一方面，关于自由能的计算到目前为止也没有完全准确的一套规则，所以，次优结构的概念又被提出。在次优结构的概念下，真实的二级结构不一定是自由能最小的时候对应的二级结构，但存在着一个较小的值使其结构相对稳定，在此基础上，可以人为地决定一个差值，与自由能最小时对应的结构相差该差值以内的所有二级结构都有可能是真实结构。显然，在这种情况下，差值设定得越大，得到的次优二级结构也就越多，对应的覆盖到真实结构的概率越大；而差值设定得过小，就相对地增大了漏掉真实结构的概率。

第6章 遗传算法和CUDA技术简介

本章主要介绍遗传算法的基本知识、特点以及应用领域；除此之外，对并行技术的发展做了一定的阐述，并介绍统一计算设备架构（compate unified device architecture，CUDA）技术的编程模型、线程结构、软件体系、存储器模型等。

6.1 遗传算法

6.1.1 遗传算法简介

根据达尔文的生物进化论，自然界的各种生物为了能够长期生存繁衍，它们在优胜劣汰、适者生存的原则下一代代进化着，并逐渐产生了对环境有着高适应度的个体或者种群。在这种生物进化原则的启发下，遗传算法孕育而生。

在优化计算的问题上，随着研究的不断深入，人们逐渐认识到在很多情况下想要求出最优解几乎是不可能的任务，所以研究的重点逐渐转向了寻找近似最优解。而常用的寻找最优解或近似最优解的方法有枚举法、启发式算法和搜索算法三种。

（1）枚举法。即列出所有可能的解，在此基础上，寻找精确的最优解。显然，在可行解的范围非常大时，这种方法的效率较低。

（2）启发式算法。设计一种启发式规则，根据这个规则去找到可行解。相对于枚举法，这种方法在效率上有所提升。但这种启发式规则并不具有通用性，即一个启发式规则只能针对一个特定的问题，对于每一不同的问题，都必须一个特定的启发式规则。

（3）搜索算法。这种算法的思想是从可行解空间的一个子空间开始搜索，并逐步扩大搜索范围，以找到最优解或者近似解。这种方法得到的结果不一定是最优解，但可以在解质量和搜索效率间达到一种较好的平衡。但是，这种方法也有可能一直陷入局部搜索，而无法得到近似最优解。

而遗传算法为解决这类寻找最优解或近似最优解的问题提供了一个有效的途径和通用框架。遗传算法的运算对象是种群，即由许多个个体组成的一个集合。生物的进化过程是一个漫长而不断反复的过程，与此对应的，遗传算法的运算过程也是一个反复迭代的过程，将第 t 代群体记做 $P(t)$，经过一代遗传和进化后，得到第 $t+1$ 代群体，记做 $P(t+1)$。这个群体再不断地经过遗传和进化，并且每次都优先将适应度较高的个体更多地遗传到下一代，这样最终在群体中将会得到一个优良的个体 X，它对应的表现型将达到或接近于问题的最优解 X'。

生物的每一代进化都是通过染色体之间的交叉和染色体的变异来完成的。与此相对应，遗传算法借鉴了这种交叉和变异的思想，使用交叉和变异操作来产生下一代种群，并使得种群多样化。一般地，遗传算法有以下三个步骤。

（1）选择（selection）。选择是根据一定的规则，从种群中选择优秀的个体来进行交叉遗传，优先选择适应度高的个体。

（2）交叉（crossover）。交叉是对于选择出来的个体，将它们的其中一个片段进行交叉互换，从而产生新的个体。

（3）变异（mutation）。变异是以某一概率随机地改变某一个个体某个点上的值。

综上，遗传算法的运算流程图如图 6.1 所示。

6.1.2　遗传算法的特点

相较于其他的一些优化算法，如动态规划法、分支定界法等，遗传算法主要有以下几个特点：

（1）遗传算法先将个体变量编码，然后将这种编码运算作为运算对象。传统

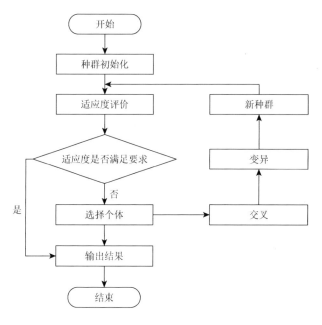

图 6.1 遗传算法流程图

的优化算法往往直接用个体变量的值进行计算，但遗传算法的计算过程却是针对变量的编码，这样可以更加直接地来参考染色体和碱基等概念，更加方便地操作整个遗传过程。

（2）遗传算法在搜索过程中仅仅依赖适应度函数的值。传统的优化算法在搜索时往往需要许多信息而不仅仅是目标函数的值。而遗传算法的搜索过程更加简洁，可控性更强。

（3）遗传算法利用多个搜索点的信息开始搜索。传统的优化算法往往是从解空间中的一个初始点开始最优解的迭代搜索过程。单个搜索点所提供的搜索信息毕竟不多，所以搜索效率不高，有时候甚至使整个搜索陷入局部最优而停滞不前。遗传算法从由很多个体所组成的一个初始群体开始搜索，而不是从单一个体开始，提高了搜索的效率。

（4）遗传算法的搜索是概率性的。确定性的搜索限制了搜索的范围，从一个搜索点转移到另一个搜索点的方法永远都是固定的，所以有可能永远搜索不到最优解，而遗传算法的选择个体、交叉过程、变异过程都是在一定的概率下进行的，具有不确定性，所以搜索的范围更大。

6.1.3　遗传算法的应用

遗传算法提供了一种求解复杂优化问题的通用框架，它不依赖于具体的问题，所以被广泛地应用于很多学科，下面是常见应用领域：

（1）函数优化。函数优化是遗传算法的经典应用领域，它们也是对遗传算法进行性能评价的常用算例。用各具特色的函数来评价遗传算法的性能，更能反映算法的本质效果。

（2）组合优化。组合优化问题是最为常见的问题之一。在指数级解空间的条件下，精确地寻找最优解成为了一件不太可能的任务，所以人们转而寻找近似最优解，而遗传算法在这方面可以大显身手。实践证明，遗传算法对于组合优化中的 NP 完全问题非常有效。

（3）生产调度问题。在很多情况下，建立的模型难以精确求解生产调度问题，即使经过一些简化之后可以求解，也会因简化得太多而使得求解结果与实际结果相差甚远。而目前现实生产中也主要是靠一些经验来进行调整。现在遗传算法已经成为解决复杂生产调度问题的有效工具。

（4）自动控制。在自动控制领域中有很多与优化相关的问题需要求解，遗传算法在其中已经得到了初步的应用，并显示出了它的良好效果。例如用遗传算法进行航空控制系统的优化、设计空间交汇控制器等。

（5）机器人学。机器人是一类复杂的难以建模的人工系统，而遗传算法的起源就来自于人工自适应系统的研究，所以机器人学理所当然地成为遗传算法的一个重要应用领域。例如用遗传算法进行移动机器人路径规划、机器人关节规划等应用研究。

（6）图像处理。图像处理是计算机视觉中的一个重要研究领域。在图像处理的过程中，如扫描、特征提取、图像分割等不可避免地会存在一些误差，这些误差会影响图像处理的效果。遗传算法在图像处理中的优化计算方面找到了用武之地，目前已经在模式识别、图像增强等方面得到了应用。

（7）机器学习。学习能力是高级自适应系统所应具备的能力之一。基于遗传算法的机器学习，尤其是分类器系统，在很多领域都得到了应用。例如，遗传算法被用于学习模糊控制规则等。

6.2　CUDA 并行技术

6.2.1　并行技术的发展

现阶段，大数据处理是人们所面临的重要科技问题，如卫星成像数据的处理、基因工程、全球气候准确预报、核爆炸等，数据规模已经达到了 TB 甚至 PB 量级，没有万亿以上的计算能力是无法解决的。日常生活中的游戏，高清电影等，随着三维模型的分辨率和精度越来越高，需要的计算也越来越复杂，所以计算能力成为了人们必须跨越的难题。

本书所说的并行，根据实现层次的不同，可以分为几种方式。最微观的是单核指令集并行（instruction level parallelism，ILP），让单个处理器的执行单元可以同时执行多条指令；向上一层是多核并行（multi-core），即在一个芯片上集成多个处理器核心，实现线程级并行；再往上是多处理器并行（multi-processor），在一块电路板上安装多个处理器，实现线程和进程级并行；最后，可以借助网络实现大规模的集群或者分布式并行，每个节点就是一台计算机。图 6.2 展示了上述几种并行方式。

在过去的 20 年间，Intel、AMD 等厂家推出的 CPU 性能在不断提高，但发展速度与 20 世纪 80 年代末 90 年代初的飞跃相比，已经无法相提并论。CPU 提高单个核心性能的主要手段是提高处理器的工作频率，以及增加指令级并行。

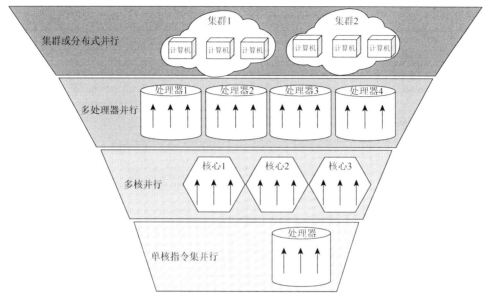

图 6.2　几种并行方式

这两种传统手段都遇到了问题：随着制造工艺的不断提高，晶体管的尺寸越来越接近原子的数量级，漏电问题越来越严重，单位尺寸上能耗和发热量也越来越大，使得处理器的频率提高与投入大量晶体管相比，显得很不划算；使用流水线可以提高指令级并行，但更多更深的流水线就可能导致效率下降。为了实现更高级别的指令级冰箱，就必须用复杂的猜测执行机制和大块的缓存保证指令和数据的命中率，现代 CPU 的分支预测正确率已经达到了 95% 以上，没有什么提高余地。

　　由于上述原因限制了单核 CPU 性能的进一步提高，多核 CPU 成为了一个发展方向。现在，随着多核 CPU 的普及，现代普通 PC 都拥有数个 CPU 核心。而与 CPU 相比，GPU 在处理能力和存储器带宽上有明显优势，在成本和功耗上也不需要付出太大代价，从而为解决数据量和计算速度问题提供了新的方案。由于图像渲染的高度并行性，使得 GPU 可以通过增加并行处理单元和存储器控制单元的方式提高处理能力和存储器带宽。GPU 将更多的晶体管用作执行单元，而不是像 CPU 那样用作复杂的控制单元和缓存并以此来提高少量执行单元的执行效率，如图 6.3 所示，其中 ALU 为算术逻辑部件。

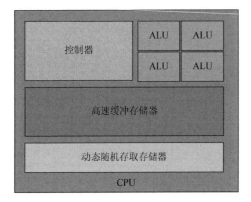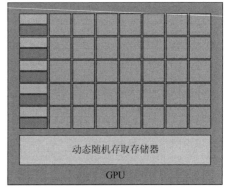

图 6.3　CPU 和 GPU 的晶体管使用

GPU 性能的提高速度要比 CPU 快许多。目前,主流 GPU 的单精度浮点处理能力已经达到了同时期 CPU 的 10 倍左右,GPU 的核心数量也超过 CPU 核心数量数千倍,而其外部的存储器带宽则是 CPU 的 5 倍左右;在架构上,目前主流的 GPU 采用统一架构单元,而其外部实现了细粒度的线程通信,大大扩展了应用范围。

CUDA 是 NVIDIA 公司推出的一种将 GPU 作为数据并行计算设备的软硬件体系。CUDA 不需要借助图形学应用程序接口(application program interface,API),而采用了比较容易掌握的类 C 语言进行开发,为开发人员有效利用 GPU 强大的性能提供了条件。自 CUDA 推出后,被广泛应用于石油勘测、天文计算、流体力学模型等领域。

6.2.2　CUDA 编程模型

CUDA 编程模型将 CPU 作为主机(host),GPU 作为协处理器(co-processor)或者设备(device)。在一个系统中,可以存在一个主机和若干个设备。

在这个模型中,CPU 和 GPU 协同工作,各司其职。CPU 负责逻辑性强的事务处理和串行计算,GPU 则专注于执行高度线程化的并行处理任务。CPU、GPU 各自拥有相互独立的存储器地址空间:主机端的内存和设备端的显存。CUDA 对内存的操作和一般的 C 程序基本相同,操作显存则需要调用 CUDA API 中存储器管理函数，这些管理操作包括开辟、释放和初始化显存空间，以及主机端和设备端数据传输等。

　　一旦确定了程序的并行部分，就可以考虑把这部分交给 GPU 处理。运行在 GPU 上的 CUDA 并行计算函数称为内核（kernel）函数。一个 kernel 并不是一个完整的程序，而是整个 CUDA 程序中的一个可以被执行的步骤，一个完整的 CUDA 程序是由一系列的设备端 kernel 函数并行步骤和主机端的串行处理步骤共同组成的，这些处理步骤会按照程序中相应语句的顺序依次执行，如图 6.4 所示。

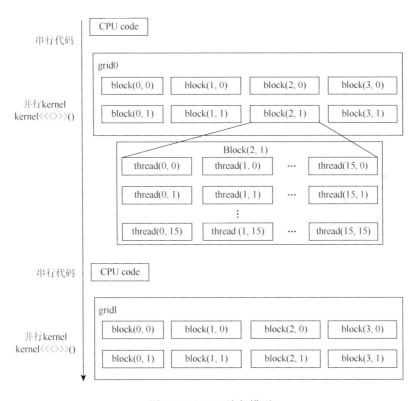

图 6.4　CUDA 编程模型

　　CPU 串行代码完成的工作包括在 kernel 启动前进行数据准备和设备初始化的工作，以及在 kernel 之间进行一些串行计算。理想情况下，CPU 串行代码的作用应该只是清理上一个内核函数并启动下一个内核函数。这种情况下，可以在设备上完成尽可能多的工作，减少主机与设备之间的数据传输。一个 kernel 函数中存在两个层次的并行，即 Grid 中的 block 间并行和 block 中的 thread 并行，两层并行模型是 CUDA 的重要创新之一。

6.2.3　CUDA 线程结构

CUDA 实现了透明扩展，即一个程序编译一次以后，就能在拥有不同核心数量的硬件上正确运行。为了实现这一点，CUDA 将计算任务映射成大量的可以并行执行的线程，并由硬件动态调度和执行这些线程。

内核以线程网格（grid）的形式组织，每个线程网格由若干个线程块（block）组成，而每个线程块又由若干个线程（thread）组成，如图 6.5 所示。实质上，kernel

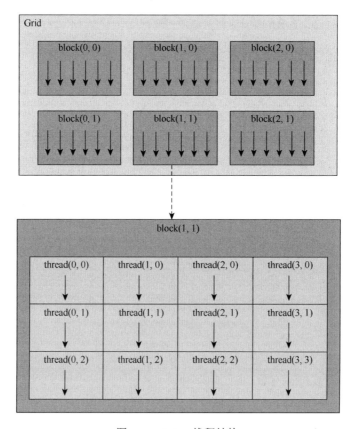

图 6.5　CUDA 线程结构

是以 block 为单位执行的，CUDA 引入 grid 只是用来表示一系列可以被并行执行
的 block 的集合。各个 block 之间是并行执行的，block 间无法通信，也没有执行
顺序。这样，无论是在只能同时处理一个线程块的 GPU 上，还是在能同时处理数
十乃至上百个线程块的 GPU 上，这一编程模型都能很好地适用。

6.2.4　CUDA 软件体系

CUDA 的软件堆栈由三层构成：CUDA 开发库、CUDA 运行时环境、CUDA
驱动，如图 6.6 所示。CUDA 的核心是 CUDA C 语言，它包含对 C 语言的最小扩
展集和一个运行时库，适用这些扩展集和运行时库的源文件必须通过 nvcc 编译器
进行编译。

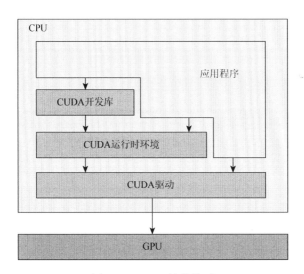

图 6.6　CUDA 软件体系

CUDA C 语言编译得到的只是 GPU 端的代码，而要管理 GPU 资源，在 GPU
上分配显存并启动内核函数，就必须借助 CUDA 运行时 API（CUDA runtime API），
或者 CUDA 驱动 API（CUDA driver API），在一个程序中只能使用 CUDA 运行时
API 与 CUDA 驱动 API 中的一种，不能混合使用。

6.2.5 CUDA 存储器模型

除了编程模型，CUDA 也规定了存储器模型，如图 6.7 所示，线程在执行的时候将会访问处于多个不同存储空间中的数据。

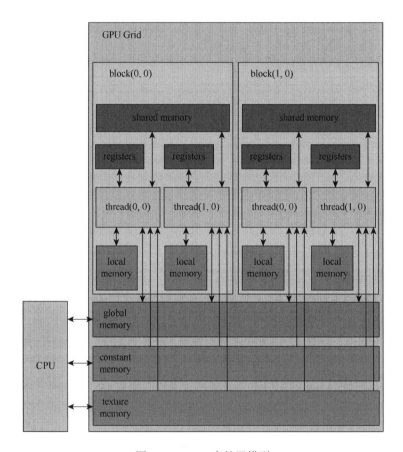

图 6.7 CUDA 存储器模型

每一个线程都拥有自己的私有存储器寄存器和局部存储器；每一个线程块拥有一块共享存储器（shared memory）；最后，Grid 中所有的线程都可以访问同一块全局存储器（global memory）。除此之外，还有两种可以被所有线程访问的只读存储器：常数存储器（constant memory）和纹理存储器（texture memory），它们分别为不同的应用进行优化。全局存储器、常数存储器的值在一个内核函数执行完成后将被继续保持，可以被统一程序中的其他内核函数调用。

第7章 基于遗传算法的核酸二级结构预测研究

本章提出一种基于遗传算法的核酸分子二级结构预测算法，通过实验结果表明，本章所提出的算法对较短序列的预测结果非常优秀，对长序列的预测也保持着较高的敏感性和特异性。

7.1 基于遗传算法的核酸二级结构预测

核酸分子在其一级结构的基础上，通过碱基配对折叠自身形成二级结构。同一个序列可以形成多种二级结构，例如，核酸分子 Mengo_PKB 的分子序列和其可能形成的两种二级结构如图 7.1 所示。

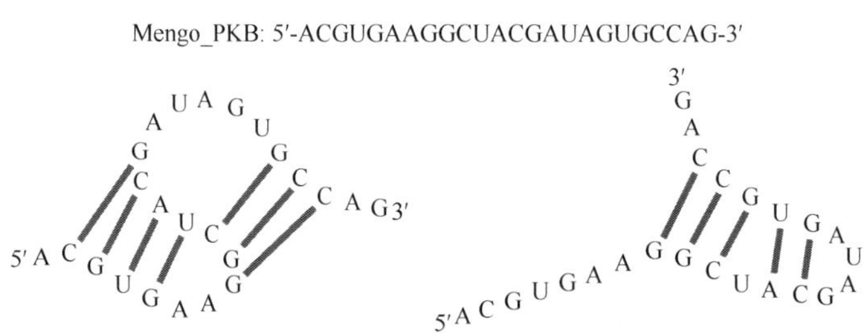

Mengo_PKB: 5'-ACGUGAAGGCUACGAUAGUGCCAG-3'

图 7.1 Mengo_PKB 的分子序列和其可能形成的两种二级结构

一个核酸分子中可能包含几千到几千万个碱基，故其可能形成的二级结构也是指数量级的，如何从这个指数级的解空间中找出最稳定的结构，便是二级结构预测算法的目标。

现阶段预测二级结构的方法按照思路的不同大致上分为两大类：基于比较序列的方法和基于最小自由能的方法。由于基于比较序列的方法需要大量的已知序列样本，且实验中已知条件只有核酸分子一级结构，所以本章提出的算法是一种基于最小自由能分析的方法，算法的目标是在众多可能的二级结构中，寻找到含有最小分子自由能的结构。

7.1.1　问题的编码

对于任意一个给定的长度为 n 核酸序列，记为 $S = 5'-x_1x_2x_3\cdots x_n-3'$，其中 x_i 为任意碱基，在 DNA 分子中，$x_i \in \{A, C, T, G\}$，对于 RNA 分子，有 $x_i \in \{A, C, U, G\}$。如图 7.1 中所示 Mengo_PKB 分子，其序列记为：

$$S = 5'-ACGUGAAGGCUACGAUAGUGCCAG-3'$$

其序列长度 $n = 24$，并且可以折叠自身形成多种不同的二级结构，只要满足 Watson-Crick 碱基配对原则即可，图 7.2 将其可能形成的一种二级结构用圆顶图表示出来。

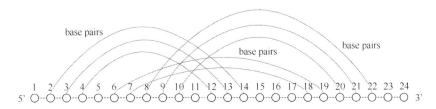

图 7.2　Mengo_PKB 序列二级结构圆顶图

在二级结构中，若碱基 x_i 与 x_j 配对成一对碱基对，则将该碱基对记为 (x_i, x_j)，其中 $x_i, x_j \in S$。在图 7.2 中，一条弧线代表一对碱基对，弧线的两个端点代表形成该碱基对的两个碱基，故序列 S 在该结构中的碱基对集合 $P(S)$ 记为：

$$P(S) = \{(2, 14), (3, 13), (4, 12), (6, 19), (7, 18), (8, 22), (9, 21), (10, 20)\}$$

碱基对的连续配对形成茎区，结构中第 m 个茎区记为

$$T(S)_m = \{(x_i, x_j), (x_{i+1}, x_{j-1}), \cdots, (x_{i+q}, x_{j-q})\},$$

式中，$x_i, x_j \in S$ 且 $x_{i+q}, x_{j-q} \in S$。

故图 7.2 中的茎区记为：

$$T(S)_1 = \{(2, 14), (3, 13), (4, 12)\}$$

$$T(S)_2 = \{(6, 19), (7, 18)\}$$

$$T(S)_3 = \{(8, 22), (9, 21), (10, 20)\}$$

除此之外，我们另给出如下几个定义：

（1）$O(S)$：$O(S) = \{1, 2, 3, 4\cdots n\}$，其中 n 为碱基序列 S 的长度，故图 7.2 中 O（S）为：

$$O(S) = \{1, 2, 3, 4, 5, 6, 7, 8, 9, 10, 11, 12, 13, 14, 15, 16, 17, 18, 19, 20, 21, 22, 23, 24\}$$

（2）$M(S)$：若碱基对$(x_i, x_j)\in P$，则使 $O(S)_i = j$, $O(S)_j = i$，其中 $i, j < n$。形成的新的集合记为

$$M(S) = \{m_1, m_2, m_3, m_4 \cdots m_n\},$$

式中，n 为碱基序列 S 的长度。

故图 7.2 中 $M(S)$ 为：

$$M(S) = \{1, \mathbf{14}, \mathbf{13}, \mathbf{12}, 5, 6, 7, \mathbf{22}, \mathbf{21}, \mathbf{20}, 11, \mathbf{4}, \mathbf{3}, \mathbf{2}, 15, 16, 17, 18, 19, \mathbf{10}, \mathbf{9}, \mathbf{8}, \mathbf{23}, \mathbf{24}\}$$

本节将一个二级结构映射为一个结构集合 $M(S)$，用 $M(S)$ 来描述二级结构。该集合可以清楚地反映其描述的二级结构的特征，如碱基对、茎区、环结构等。然后用本书的适应度函数来评价每个结构集合 $M(S)$，并找出最优的 $M(S)$，其所描述的二级结构即本书算法的运行结果。

7.1.2 假结预测问题

本书在 5.2.4 节中介绍了假结，假结是核酸分子二级结构中一种非常复杂的结构，是由茎区的不规则交叉形成的，并且大部分核酸分子中都含有假结。然而传统的动态规划模型并不能预测假结结构，很多二级结构预测算法都也避开了假结结构的预测，故如何有效地预测假结，是二级结构预测算法需要面对的一个难题。

为了能够更直观地描述假结，我们将图 5.6 所示的两种最常见的假结用圆顶图的形式表现出来，如图 7.3 所示。

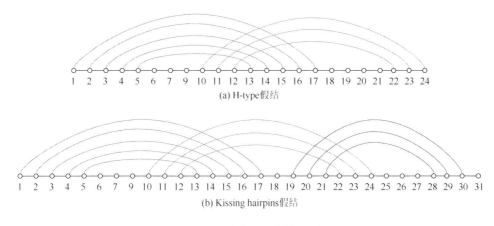

(a) H-type假结

(b) Kissing hairpins假结

图 7.3　两种常见假结的圆顶图

从图 7.3 中可以看出，含有两种常见假结的二级结构中，都存在着两个茎区的相互交叉。但是，一般在二级结构中并不存在多于三个茎区的相互交叉，即每个茎区都和另外两个茎区存在交叉的情况，如图 7.4 所示。

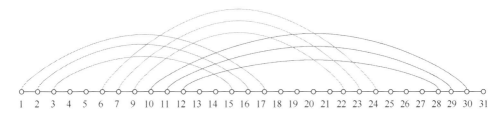

图 7.4　三个茎区相互交叉

图 7.4 的所示结构中，三个茎区中每个茎区都和另外两个交叉，这种结构和假结非常类似，却并没有存在于二级结构中。很多算法为了避免计算结果出现这种不合理的结构，直接规定不允许茎区出现交叉，导致其无法预测假结。

本书通过对 PseudoBase 数据库中含假结的 RNA 分子进行观察，虽然这些 RNA 分子二级结构的圆顶图中存在交叉的边，无法用传统的动态规划算法求解，但是这些图实际上都可以转化为平面图，如图 7.5 所示。也就是说，移动一组或多组交叉的氢键连接边到 RNA 骨架下方，就不存在任何交叉了。我们在设计算法时，允许氢键的连接边在 RNA 分子骨架的下方进行连线，从而允许假结的存在。

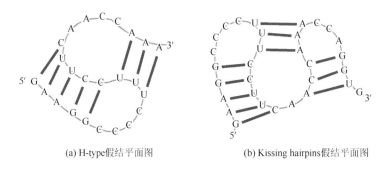

(a) H-type假结平面图　　　　　　(b) Kissing hairpins假结平面图

图 7.5　两种常见假结的平面图

基于上述思想，本书创新式地提出将碱基对归类的方案，并给出如下几个定义：

（1）positive pair：对给定的核酸分子序列 S，若碱基对$(x_i, x_j) \in P(S)$，存在于分子躯干上方，且和其他已经存在的碱基对没有交叉、共享碱基现象，则$(x_i, x_j) \in P(S)_{positive\ pair}$，如在图 7.6 中，$P(S)_{positive\ pair}$ 为：

$$P(S)_{positive\ pair} = \{(2, 14), (3, 13), (4, 12)\}$$

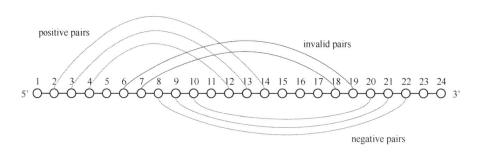

图 7.6　碱基对归类示意图

（2）negative pair：对给定的核酸分子序列 S，若碱基对$(x_i, x_j) \in P(S)$，存在于分子躯干下方，且和其他已经存在的碱基对没有交叉、共享碱基现象，则$(x_i, x_j) \in P(S)_{negative\ pair}$，如图 7.6 中，$P(S)_{negative\ pair}$ 为：

$$P(S)_{\text{negative pair}} = \{(8, 22), (9, 21), (10, 20)\}$$

（3）invalid pair：对给定的核酸分子序列 S，若碱基对 $(x_i, x_j) \in P(S)$，且 $(x_i, x_j) \notin P(S)_{\text{positive pair}}$ 且 $(x_i, x_j) \notin P(S)_{\text{negative pair}}$，则 $(x_i, x_j) \in P(S)_{\text{invalid pair}}$。在 7 图.6 中，$P(S)_{\text{invalid pair}}$ 为：

$$P(S)_{\text{invalid pair}} = \{(6, 19), (7, 18)\}$$

在上述定义的基础上，我们规定在核酸分子骨架同一侧的茎区不允许出现交叉的情况，但允许不同两侧的茎区存在交叉。即 positive pairs 之间不允许存在交叉，Negative Pairs 之间也不允许存在交叉，但 positive pairs 和 negative pairs 之间可以相互交叉，交叉的结果就是形成了假结结构。为了能够有效地判断茎区的交叉，我们为每个茎区定义了一个起始序号和一个终止序号：

（1）茎区起始序号：对于给定的核酸分子序列 S，存在茎区 $T(S)_m = \{(x_i, x_j), (x_{i+1}, x_{j-1}) \cdots (x_{i+q}, x_{j-q})\}$，则 i 为茎区 $T(S)_m$ 起始序号；

（2）茎区终止序号：对于给定的核酸分子序列 S，存在茎区 $T(S)_m = \{(x_i, x_j), (x_{i+1}, x_{j-1}) \cdots (x_{i+q}, x_{j-q})\}$，则 j 为茎区 $T(S)_m$ 终止序号；

若存在：$T(S)_i$ 起始序号 $< T(S)_j$ 起始序号 $< T(S)_i$ 终止序号 $< T(S)_j$ 终止序号，则茎区 $T(S)_i$ 和 $T(S)_j$ 一定存在着交叉，否则不交叉，如图 7.7 所示。

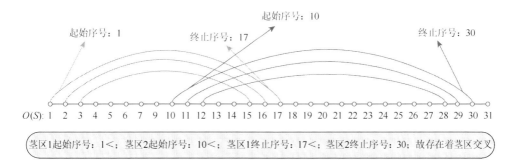

图 7.7　茎区交叉的判断

通过上述对碱基对的归类和约束，以及茎区交叉判断的标准，使得本书的算法能够有效地预测假结构。除此之外，被判断为 invalid pair 的碱基对会被从结构中移除，如图 7.8 所示，从而保证了不会出现如图 7.4 所示三个茎区相互交叉的不合理结构，使得算法的结果更加正确。

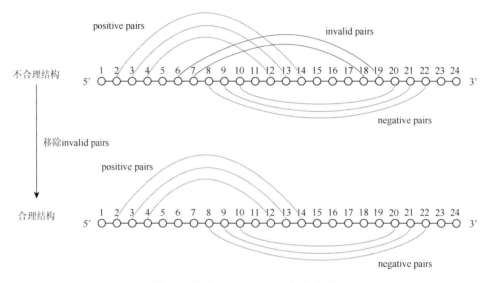

图 7.8　移除 invalid pairs 使结构合理

7.1.3　适应度函数

在一个核酸分子可能形成的指数量级的二级结构中，一般认为分子自由能越小，结构越稳定，而在核酸分子的二级结构中，影响着分子自由能的因素主要有以下两个：

（1）茎区：即连续碱基对，为核酸分子累积值为负的分子自由能。

（2）环：包括发卡环、凸环、内环等，这些环结构为核酸分子累积值为正的分子自由能。

在已经提出的算法中，有部分算法的适应度函数直接采用分子自由能计算公式，由于自由能计算非常复杂，所以这种做法往往都要较高的时间复杂度。另有部分算法直接以序列中的最大碱基匹配数量为标准，而不考虑环的影响。这种做法对于小规模的分子结构预测具有比较好的效果，但对于一些大分子，预测结果就显得不准确。所以如何设计一个有效的适应度函数也是预测算法中的一个难点。

综上所述，为了能够尽可能的找到分子自由能最小的结构，我们的适应度函数设计方向是：避免复杂的分子自由能计算，以最大碱基匹配数量为主要标准，同时不能忽略环结构的影响。为了尽可能地保留茎区多的结构，我们将茎区中所含的碱基对的个数，即茎区的长度作为一个评价个体的因素，并且放大这个效果，将其平方，并乘以一个实验系数 α；另一方面，计算分子结构中环的自由能，作为另一个评价个体的因素。这样，在避免了复杂的自由能计算的同时，也在一定程度上考虑了环的影响。综上，本书的适应度函数设计如公式 7-1 所示：

$$f(M) = \alpha \times \sum ConBP^2 + (-1) \times \Delta G \qquad (7\text{-}1)$$

式中，$ConBP^2$ 是分子结构中各个茎区所包含的碱基对数量，ΔG 是分子中各个环结构的自由能。通常核酸形成茎区会释放热量，因此其自由能为负值，而核酸形成环会吸收热量，因此其自由能为正值。α 为实验系数，我们将用此适应度函数来评价每个结构集合 $M(S)$，$f(M)$ 即适应度函数作用于结构 $M(S)$ 的计算结果。

在图 7.8 中，去掉 invalid pairs 以后，分子结构中还剩下两个茎区：

$$T(S)_1 = \{(2, 14), (3, 13), (4, 12)\}$$

$$T(S)_2 = \{(8, 22), (9, 21), (10, 20)\}$$

$T(S)_1$ 和 $T(S)_2$ 中分别包含 3 个碱基对和 2 个碱基对，除此之外，结构中还包含一个发卡环和一个内环，所以适应度的计算为：

$$\alpha \times (3^2 + 2^2) - 发卡环包含的自由能 - 内环包含的自由能$$

7.1.4　种群的初始化

在遗传算法中，种群的初始化对算法的效果有着非常重要的影响。如果产生的初始种群中存在着许多类似的个体，那么算法就很容易陷入局部最优；如果产生的初始种群中的个体数量过少，则可能会直接将最优解漏掉，所以如何产生一个高质量的初始种群，在本书算法中也是一个难点。

本书定义了结构集合 $M(S)$ 来描述核酸分子的二级结构，所以种群初始化的目标，就是基于一个给定的核酸分子一级结构，产生一定量的结构集合 $M(S)$，每个 $M(S)$ 都对应着种群中一个个体的二级结构，在这个过程中，我们需要解决两个难点：

（1）每个个体的结构中不能有碱基对的错配，例如要避免出现 A 和 G 或者 A 和 C 的配对；

（2）种群中个体的结构要丰富多彩，即要保证初始种群的多样性。

为了避免出现碱基的错配，本书在算法中定义了一个配对集合。顾名思义，这个配对集合中保存了当前序列中能够与目标碱基配对所有碱基，如图 7.9 所示。例如，当前目标碱基是腺嘌呤 A，在本书算法将它配对成碱基对之前，首先建立一个配对集合，那么这个集合就是序列中所有的尿嘧啶 U，配对时本书算法从这个配对集合中挑选与之配对的碱基，这样就避免了碱基错配情况的出现。

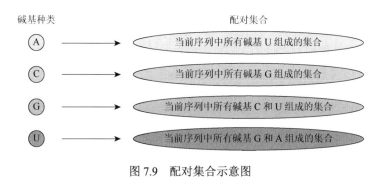

图 7.9　配对集合示意图

除此之外，在从配对集合中挑选与目标碱基配对的碱基时，本书算法采用了完全随机选取的方式，如图 7.10 所示。这种随机性，使得种群中每个个体的结构都有所差异，从而保证了种群的多样性。

图 7.10　随机选取配对碱基对

通过上述的方法，本书算法较好地解决了初始化种群中的两个难点，下面将详细阐述整个种群初始化的过程。例如，如下所示的核酸分子一级结构：

$$S = 5'\text{-GCGUGGAAGCCCUGCCUGGG-}3'$$

在本算法中，我们首先建立一个记录队列 LA 来记录每个配对碱基的初始位置，即 $LA = O(S)$，如图 7.11 所示：

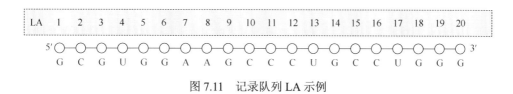

图 7.11　记录队列 LA 示例

随后，我们再建立另一个记录队列 LB，LB 中的每个元素都是一个配对集合。为了方便处理，在这个配对集合中，本书用 LA 中碱基的编号来代替碱基，LB[i] 即序列中第 i 个碱基对应的配对集合，除此之外，本书在每个配对集合的末尾加上一个 null 值，以便后续步骤的使用。例如，图 7.11 中的序列第一个碱基为鸟嘌呤 G，故其对应的配对集合就是序列中所有 C 和 U 组成的集合，将其用 LA 中的编号表示出来，就得到配对集合{2, 4, 10, 11, 12, 13, 15, 16, 17, null}，即 LB[1]的值。故在图 7.11 中，整个 LB 如图 7.12 所示：

随后，我们通过记录队列 LA 和 LB 来进行碱基对的随机配对，具体通过以下三个步骤完成：

第一步，使 $M(S) = LA$，即首先让 $M(S)$ 保存序列中碱基的初始序号，并从 LA 中随机选取一个位置 i。如图 7.13 所示，以随机选择了第 6 个碱基为例，即 $i = 6$；

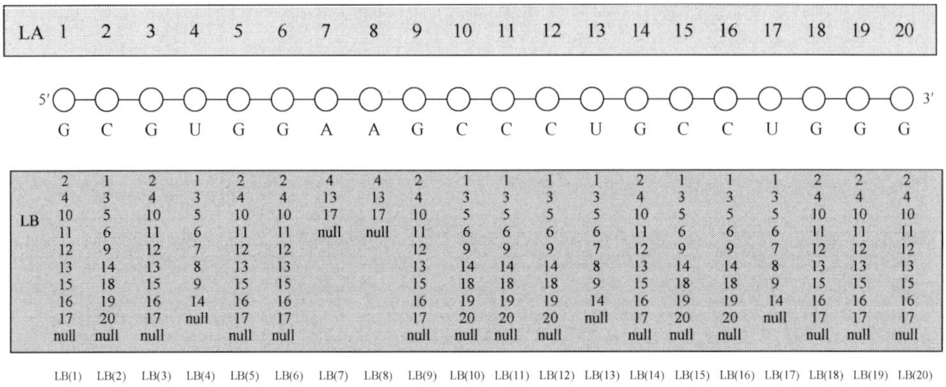

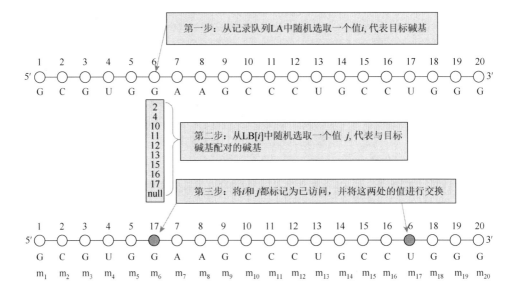

图 7.12　记录队列 LB 示例

图 7.13　碱基随机配对步骤

　　第二步，从 LB[i]中随机选取一个值 j，若 j 不是 null，那么 LA 中第 i 个碱基和第 j 个碱基就被认为配对成一对碱基对，记为 (i, j)，随后交换 $M(S)$ 中第 i 个元素和第 j 个元素的值，并将 LA 中的第 i 个元素和第 j 个元素移除；如果选取的元素是 null，那么直接将 LA 中第 i 个元素标移除。如图 7.13 所示，在第（1）步中，随机选择了第 6 个碱基 G，故需要从 LB[6]中随机挑选一个元素，按照 LB 的产生规则，LB[6]中保存的是能够与第 6 个碱基 G 配对的所有碱基序号的集合，即碱基 C 或者 U 的序号集合，再加上一个空值 null。故图 7.13 中，LB[6]如下：

$$LB[6] = \{2, 4, 10, 11, 12, 13, 15, 16, 17, null\}$$

本书算法从 LB[6]随机选取一个值 j，代表与目标碱基配对的碱基，这样就避免了碱基错配的情况出现，由于选择是随机的，又保证了个体结构的多样性。如图 7.13 所示，图中随机选取的值 $j = 17$，故需要交换 $M(S)[6]$ 和 $M(S)[17]$ 的值，代表着这两个位置的碱基形成了一个碱基对，记为（6, 17）。那么 $M(S)$ 就变成了如下所示：

$$M(S) = \{1, 2, 3, 4, 5, \mathbf{17}, 7, 8, 9, 10, 11, 12, 13, 14, 15, 16, \mathbf{6}, 18, 19, 20\}$$

最后将 LA[6]和 LA[17]从记录队列 LA 中移除。另外，若在 LB[6]中随机选取了 null 值，那么直接将 LA[6]从 LA 中移除，意味着这个碱基并没有形成碱基对，是一个独立碱基。

第三步，重复以上两个步骤，直到 LA 为空，最终得到的 $M(S)$ 即代表一个二级结构。

7.1.5　种群优化

种群中包含的个体的质量会直接影响到算法的收敛速度和最终结果，所以我们希望初始种群中的个体都能够尽可能的优秀。由于算法搜索趋势是向着分子自由能减小的方向，故要求初始种群中个体的分子自由能尽可能地小，如何来实现这个目标，也是本书算法中的难点和关键所在。

基于上述思路，本书算法的优化方向是：由于茎区具有负值自由能，所以我们使初始种群中每个个体尽可能保留较长的茎区。也就是说，在碱基对归类时，若存在着茎区冲突，则尽可能地保留较长的茎区，将较短的茎区归类为 Invalid Pair 并舍弃。如此一来，可以将问题作如下描述：有如图 7.14 所示核酸分子二级结构：

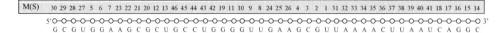

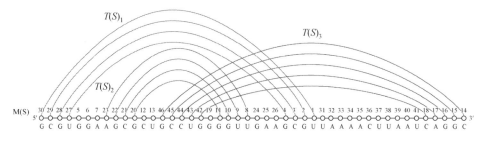

图 7.14　核酸分子二级结构例图

在图 7.14 中，存在着三个茎区：

$$T(S)_1 = \{(1, 30), (2, 29), (3, 28), (4, 27)\}$$

$$T(S)_2 = \{(8, 23), (9, 22), (10, 21), (11, 20)\}$$

$$T(S)_3 = \{(14, 46), (15, 45), (16, 44), (17, 43), (18, 42)\}$$

如 7.1.2 节所介绍的，为了能够预测假结，我们将算法结构中存在的碱基对归为 positive pair、negative pair 和 invalid pair 三类，那么对于图 7.14 中所示结构，用什么样的方式将哪些碱基对归为哪一类，才能使分子自由能尽可能地小。也就是说，如果有 2 个以上的茎区存在着互相交叉，出现如图 7.4 所示的结构，本书算法通过碱基对的归类后舍弃 invalid pair 来解决这种情况，那么本书应该保留哪些茎区，又将哪些茎区中包含的碱基对归类为 invalid pair 并舍弃，是本书算法在优化过程中需要解决的关键问题和难点所在。

在本节开头提到，本书希望初始种群中每个个体尽可能地保留较长的茎区，由于碱基的匹配是完全随机的过程，通过对种群中个体结构的观察，发现结构中的茎区存在着可延长性。例如，在图 7.15 中，第 12 个碱基 C 和第 19 个碱基 G 仍然满足碱基配对的规则，并且将这两个碱基配对后并没有和其他已经存在的碱基对冲突，而且延长了其所在的茎区 $T(S)_2$，在这种情况下，本书的算法主动地会将这两个碱基进行配对，对 $T(S)_2$ 进行延长。

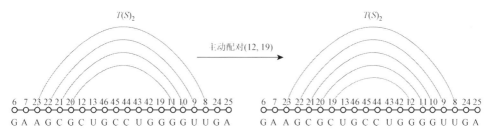

图 7.15　主动延长茎区

故图 7.14 中包含的茎区就成了如下所示：

$$T(S)_1 = \{(1, 30), (2, 29), (3, 28), (4, 27)\}$$

$$T(S)_2 = \{(8, 23), (9, 22), (10, 21), (11, 20), \mathbf{(12, 19)}\}$$

$$T(S)_3 = \{(14, 46), (15, 45), (16, 44), (17, 43), (18, 42)\}$$

除此之外，本书算法中定义了一个茎区栈结构，并将茎区按照长度从大到小的顺序进行排序，然后按照由短到长的顺序入栈，如图 7.16 所示。

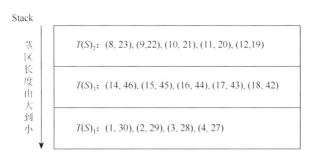

图 7.16　茎区栈示意图

在此基础上，本书定义了如下归类标准：

（1）将栈顶茎区弹出，并将其包含的所有碱基对归类为 positive pair，若与其他已经存在于 positive pair 区域的碱基对没有交叉或者共享碱基的现象，则归类成功，弹出下一个栈顶茎区，重复此步骤，直到栈为空，归类结束；否则继续下面的归类。

（2）将当前茎区中包含的所有碱基对归类为 negative pair，若与其他已经存在于 negative pair 区域的碱基对没有交叉或者共享碱基的现象，则归类成功；若此时栈为空，则归类结束，否则转入第（1）步；若存在碱基对冲突，则继续下面的归类。

（3）将当前茎区中包含的所有碱基对归类为 invalid pair，若栈已经为空，则归类结束，否则转入第（1）步。

按照上述标准，本书将图 7.14 中的碱基对进行归类，归类结果为：positive pair：$T(S)_2$ 和 $T(S)_1$；negative pair：$T(S)_3$。归类步骤如图 7.17 所示：

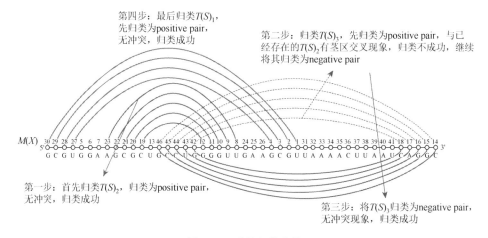

图 7.17　碱基归类步骤

如上所述，通过这种方式，本书总是先归类较长的茎区，这样就大大增加了长茎区被保留的概率，至少保证了结构中最长的两个茎区一定会被保留：一个归类为 positive pair，一个归类为 negative pair。从而使得种群中每个个体的自由能都尽可能的小，提高了算法的收敛速度和准确性。

7.1.6　选择算子

在遗传算法中，选择算子在一定程度上控制着种群进化的方向，选择的结果会直接影响到算法的收敛速度和最终收敛结果。设计选择算子时我们有如下目标：

（1）个体的选择要具有随机性；

（2）优秀的个体要有更大的概率被选中，使得算法搜索过程朝着目标个体收敛。

本书算法中采用轮盘赌算法的方式作为选择算子，轮盘赌算法是以累积概率实现的，一般地，轮盘赌算法有两种实现思想：

（1）可以想象有一个转动的轮盘，这个轮盘只转一圈。每次转轮盘前，把色子随机放到轮盘边缘的某处，即色子不随轮盘转动，然后以一个随机数 sel 代表它所处的位置。轮盘转动后，色子所指示的轮盘扇区号不断变化，轮盘停止时色子所指示的轮盘上扇区号，即为本次轮盘赌所选中的个体号，其伪码如算法 7.1 所示。

算法 7.1　轮盘赌实现思想一

输入：n 个个体
输出：被选择的个体 j-1
伪码：

```
1:     for  i=1:n              //第 i 次掷色子
2:        sel=rand;            //色子所处位置
3:        sumPs=0;             //轮盘初始转动的位置，从 0 变化到 1
4:        j=1;                 //轮盘初始指示的位置
5:        while sumPs＜sel      //终止条件为轮盘转动的位置超过色子位置
6:         sumPs=sumPs+P(j)    //轮盘转动
7:          j=j+1;             //轮盘指示位置
8:        endwhile
9:        select(i)=j-1;       //轮盘停止时色子停留位置所指示的个体
10:    endfor
```

（2）可以想象成往划分好扇区的轮盘里扔色子，事先生成一组满足均匀分布的随机数，代表 n 次掷色子或者 n 个色子一起扔，轮盘不动，色子所在区域为选择结果。其伪码如算法 7.2 所示。

算法 7.2　轮盘赌实现思想二

输入：n 个个体
输出：被选择的个体 j
伪码：

```
1:    r=rand(1,n);          //预先产生 n 个色子的位置
2:    for i=1:n             //第 i 次轮盘赌
3:       select(i)=n;       //本次轮盘赌的结果初始化为 n
4:       for j=1:n          //轮盘开始转动
5:          if r(j)<=P(i)   //若色子停在轮盘第 j 扇区
6:             select(i)=j; //则第 i 次轮盘赌的结果为 j
7:             break;       //第 i 次轮盘赌结束
8:          endif
9:       endfor
10:   endfor
```

　　图 7.18 可以形象地描述轮盘赌算法的原理：在一个轮盘上，面积越大，被选中的概率也就越大。我们将 7.1.3 节介绍的适应度函数用于轮盘赌算法，个体被选中的概率与其适应度值呈线性关系，适应度值越高，被选中的概率也就越大。通过这种方式，算法的选择方向逐渐趋向于优秀个体，也就是适应度值高的个体，使得算法的搜索范围向着目标个体收敛。

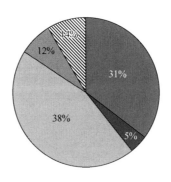

图 7.18　轮盘赌算法示意图

7.1.7　交叉算子

　　交叉过程是遗传算法中非常重要的一个环节，通过双亲的交叉遗传，能够产

生出新的个体，进而更新整个种群，使种群向着目标方向进化。在本书算法中，
设计交叉算子时我们提出了如下目标：

（1）交叉过程具有随机性；

（2）产生的子代与双亲具有不同的结构；

（3）产生的子代能够继承双亲的一部分特性。

基于上述考虑，我们在设计交叉算子时模拟了同源染色体交叉过程，同源
染色体通过交叉互换部分染色体片段而完成基因重组，形成新的染色体。本书
算法使双亲核酸分子序列进行片段的交叉互换，形成新的核酸序列，如图 7.19
所示。

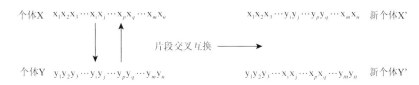

个体X $x_1 x_2 x_3 \cdots x_i x_j \cdots x_p x_q \cdots x_m x_n$ $x_1 x_2 x_3 \cdots y_i y_j \cdots y_p y_q \cdots x_m x_n$ 新个体X'

片段交叉互换 ⟶

个体Y $y_1 y_2 y_3 \cdots y_i y_j \cdots y_p y_q \cdots y_m y_n$ $y_1 y_2 y_3 \cdots x_i x_j \cdots x_p x_q \cdots y_m y_n$ 新个体Y'

图 7.19 交叉遗传示意图

这里需要提出两个新的问题：

（1）如何将图 7.17 所示的交叉过程随机化。

（2）产生的子代结构中，可能会存在碱基对的冲突，即图 7.4 所示三个茎区
相互交叉的结构，我们需要将这种冲突找出并移除。

为了使交叉的过程随机化，本书算法在双亲分子序列中随机选取两个点，然后
再交换这两个点之间片段序列；另外，在交叉的过程中，我们会使用如图 7.7 所介
绍的茎区起始序号和终止序号来即时判断碱基对之间是否存在冲突，保证最后交叉
产生的个体都拥有合理的结构。下面将详细阐述整个交叉遗传的步骤。

（1）随机选取两个点 p 和 q。

（2）在双亲 parentX 和 parentY 中，分别找出位于 p 和 q 之间的片段，并且将
存在于 p 和 q 之间碱基对从结构中移除，如图 7.20 所示，在 parentX 中，位于 p
和 q 之间的碱基对有 x_3、x_4 和 x_5，所以将这三个碱基对从 parentX 的结构中移除；

相应地，在 parentY 中，位于 p 和 q 之间的碱基对有 y_3，y_4，y_5，所以同样将这三个碱基对从 parentY 的结构中移除。

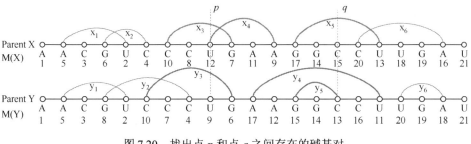

图 7.20　找出点 p 和点 q 之间存在的碱基对

（3）在找出目标碱基对之后，我们需要对这些碱基对进行交换操作，即将 parentX 中移除的碱基对插入到 parentY 的结构中，将 parentY 中拆掉的碱基对插入到 parentX 中。如图 7.21 所示，从 parentX 中移除的碱基对有 x_3，x_4，x_5，本书将这三个碱基对放入到 parentY 的结构中，并保持其最初的位置不变；同样的，我们将从 parentY 中移除的碱基对 y_3，y_4，y_5 放入到 parentX 的结构中，并保持其位置不变。

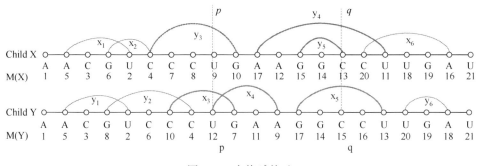

图 7.21　交换碱基对

（4）在完成了碱基对的交换后，我们需要检查碱基对之间是否存在着冲突，即归类为相同种类的碱基对（positive pair 和 negative pair）之间是否存在着碱基对交叉、碱基共享等现象，若存在，找出这些对象，将其归类为 invalid pair，并从结构中移除。在图 7.21 中，在 ChildX 中，由于碱基对 y_3 和已经存在的碱基对

x_2 存在着共享碱基的现象，所以需要将 y_3 从结构移除，最后得到的两个新个体，就是本次交叉遗传的结果，如图 7.22 所示。

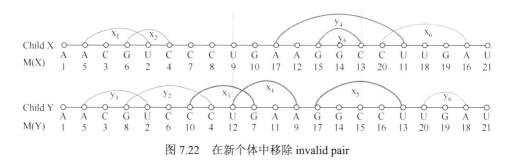

图 7.22　在新个体中移除 invalid pair

整个交叉遗传的详细过程如上所述，本书随机选取了分子序列片段，并交换了这些片段上的碱基对，最后对子代结构进行检查，移除不合理的碱基对，完成整个交叉遗传过程。

7.1.8　变异算子

变异也是整个遗传算法中必不可少的一个环节。本书算法针对碱基对进行了变异操作。对于一个给定的核酸序列，本书随机选择了两点 p 和 q，显然地，这两个位置上的碱基有可能存在于某个碱基对之中，也有可能是单独的一个碱基，并没有形成碱基对。针对这些不同的情况，我们采取了如下变异措施。

（1）位于点 p 和点 q 的碱基都分别和另外两个碱基 s 和 t 形成了不同的碱基对。这种情况下本书定义了如下变异方向，如图 7.23 所示。

①若点 p 和点 q 上的碱基满足碱基配对原则，并且点 s 和点 t 处的碱基也满足碱基配对原则，则将点 p 和点 q 上的碱基配对，点 s 和点 t 上的碱基配对，形成新的碱基对 (p, q) 和 (s, t)；

②若点 p 和点 q，点 s 和点 t 这两组中只有一组满足碱基配对原则，则将满足条件的这组碱基配对，形成新的碱基对；

③若两组碱基均不满足碱基配对原则，则保持原有结构不变。

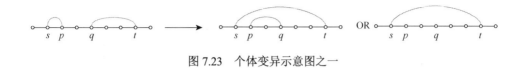

图 7.23　个体变异示意图之一

（2）若位于 p 和 q 位置上的碱基，其中有一个和另外一个碱基形成了碱基对，而另一个碱基是独立碱基，这种情况下，如果点 p 和点 q 上的碱基满足碱基配对原则，则将这两个碱基配对形成新的碱基对 (p, q)，并将原先包含 p 或 q 的碱基对移除；若点 p 和点 q 上的碱基不满足碱基配对原则，则保持结构不变，如图 7.24 所示。

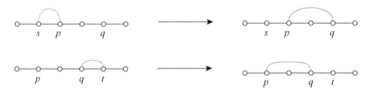

图 7.24　个体变异示意图之二

（3）若位于 p 和 q 位置上的碱基都是独立碱基，并且满足碱基配对原则，则将这两处的碱基配对，形成新的碱基对 (p, q)，否则保持原结构不变。如图 7.25 所示。

图 7.25　个体变异示意图之三

以上便是本书使用的变异算子，我们针对不同的情况做出了不同的处理，使得个体变异丰富，从而增加了种群的多样性。

7.2　算　法　描　述

综上，本书的算法可以概括为如下几个步骤：

（1）初始化算法各项参数，产生初始种群 P。

（2）对初始种群中的个体进行局部优化，归类碱基对。

（3）对种群的中的个体按照实验中的适应度函数进行评价。

（4）用轮盘赌算法从种群中选择两个个体作为双亲 parentX 和 parentY。

（5）开始迭代过程，交换在双亲个体中随机选择的序列片段，并移除存在冲突的碱基对。

（6）在得到两个子代 child1 和 child2 后，根据给定的变异概率将变异算子作用于两个子代。

（7）评价两个子代，并更新种群。

（8）判断算法是否达到最大迭代次数，若已经达到最大迭代次数，则输出最后产生的子代信息，算法结束；否则跳转到第（4）步。

整个算法流程图如图 7.26 所示。

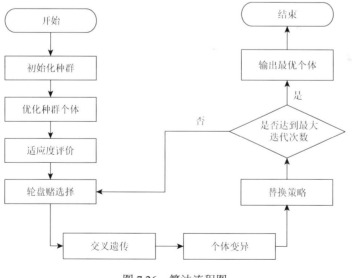

图 7.26　算法流程图

7.3　实验与结果分析

在实验中，我们使用了大量的算例来测试本书的算法，这些算例均来自于 PseudoBase 数据库。PseudoBase 是一个权威的收集了核酸含假结的二级结构的数据库，具有很高的知名度。我们将实验结果与其他已经提出的几种比较著名的算法进行了对比，主要有 ProbKnot 算法、Mfold 算法和 HotKnots 算法。

ProbKnot 算法是 2010 年由 Bellaousov 和 Mathews 等人提出的，该算法的主要特点是能够预测任意类型的假结，且算法时间复杂度为 $O(n^2)$，是一种基于碱基对配对概率的算法。该算法被证明在预测小于 700 的分子序列时运行时间不超过 10min。Mfold 算法是 Zuker 首次将动态规划算法用于复杂的 Tinoco 自由能量模型，算法时间复杂度为 $O(n^3)$，是目前比较广泛使用的算法，由于算法中包含了复杂的分子自由能的计算，所以算法的计算时间较长，而且不能预测假结结构。HotKnots 算法中引入了热点和树的概念，但是算法的运行时间很难估计，并且不适用与长序列的预测。

一般地，验证算法的有效性都是从算法敏感性和算法复杂性两方面进行对比。在核酸二级结构预测算法中，算法敏感性（Sen）是指预测结果中正确的碱基对数占真实结构中碱基对数的百分比，算法特异性（$Spec$）指的是预测结果中正确的碱基对数占预测结果的全部碱基对数的百分比，公式如 7-2 所示：

$$Sen = \frac{TP}{TP+FN}, \quad Spec = \frac{TP}{TP+FP} \tag{7-2}$$

为了方便地进行对比，本书将实验结果以 CT 文件的格式输出。CT 文件是核酸分子二级结构通用的格式，可以被预测软件解析并绘制成图形。以核酸分子 Ec_PK1 为例，其碱基序列为：

5′-CGAGGGGCGGUUGGCCUCGUAAAAAGCCGC-3′

在 PseudoBase 数据库中，给出的二级结构标准以括号图的形式展示，对 Ec_PK1 其给出的标准结构为：

5′-(((((:[[[[[[:::))))]:::::]]]]]]-3′

按照这个标准，本书进行算法测试，实验结果图如 7.27 所示。

碱基序列为: C G A G G G C G G U U G G C C U C G U A A A A A G C C G C
MLink: 0 , 1 , 2 , 3 , 4 , 5 , 6 , 7 , 8 , 9 , 10 , 11 , 12 , 13 , 14 , 15 , 16 , 17 , 18 , 19 , 20 , 21 , 22 , 23 , 24 , 25 , 26 , 27 ,
优化MLink后..
MLink: 18 , 17 , 16 , 15 , 14 , 5 , 29 , 28 , 27 , 26 , 25 , 24 , 12 , 13 , 4 , 3 , 2 , 1 , 0 , 19 , 20 , 21 , 22 , 23 , 11 , 10 , 9 , 8
positive pairs: [6,29] [7,28] [8,27] [9,26] [10,25] [11,24]
negative pairs: [0,18] [1,17] [2,16] [3,15] [4,14]

图 7.27　算法结果图

然后我们将这个结果转换为 CT 文件的格式，这里将展示本书提出的算法和 ProbKnot 算法运行 Ec_PK1 序列产生的 CT 文件样例，如图 7.28 所示。

1 C	0	2	19	1	1 C	0	2	19	1
2 G	1	3	18	2	2 G	1	3	18	2
3 A	2	4	17	3	3 A	2	4	17	3
4 G	3	5	16	4	4 G	3	5	0	4
5 G	4	6	15	5	5 G	4	6	0	5
6 G	5	7	0	6	6 G	5	7	16	6
7 G	6	8	30	7	7 G	6	8	15	7
8 C	7	9	29	8	8 C	7	9	14	8
9 G	8	10	28	9	9 G	8	10	28	9
10 G	9	11	27	10	10 G	9	11	27	10
11 U	10	12	26	11	11 U	10	12	26	11
12 U	11	13	25	12	12 U	11	13	25	12
13 G	12	14	0	13	13 G	12	14	0	13
14 G	13	15	0	14	14 G	13	15	8	14
15 C	14	16	5	15	15 C	14	16	7	15
16 C	15	17	4	16	16 C	15	17	6	16
17 U	16	18	3	17	17 U	16	18	3	17
18 C	17	19	2	18	18 C	17	19	2	18
19 G	18	20	1	19	19 G	18	20	1	19
20 U	19	21	0	20	20 U	19	21	0	20
21 A	20	22	0	21	21 A	20	22	0	21
22 A	21	23	0	22	22 A	21	23	0	22
23 A	22	24	0	23	23 A	22	24	0	23
24 A	23	25	0	24	24 A	23	25	0	24
25 A	24	26	12	25	25 A	24	26	12	25
26 G	25	27	11	26	26 G	25	27	11	26
27 C	26	28	10	27	27 C	26	28	10	27
28 C	27	29	9	28	28 C	27	29	9	28
29 G	28	30	8	29	29 G	28	30	0	29
30 C	29	0	7	30	30 C	29	0	0	30

(a) 本书算法CT文件　　　　　　　　　　(b) ProbKnot算法CT文件

图 7.28　CT 文件内容展示与对比

　　除此之外，为了能够直观地比较结果的好坏，我们还制作了一些辅助工具，可以直接由 CT 文件得到算法的敏感性和特异性，图 7.29 展示了本书中算法和 ProbKnot 在预测 Ec_PK1 时的结果对比。

(a) 本书算法结果展示　　　　　　　　　　　(b) ProbKnot算法结果展示

图 7.29　算法结果对比展示

　　最后，我们利用 jViz 工具直接将 CT 文件绘制成二级结构，使得结果更加直观，如图 7.30 所示。

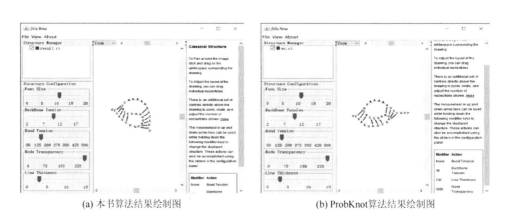

(a) 本书算法结果绘制图　　　　　　　　　　(b) ProbKnot算法结果绘制图

图 7.30　实验结果绘制对比图

　　从上面的对比可以看到，本书提出的算法在预测 Ec_PK1 分子二级结构示，算法的敏感性和特异性均达到了 100%，而 ProbKnot 算法的敏感性为 63.64%，特异性为 70%，说明在这个算例上，本书的算法更加优越。

我们给出完整的实验结果记录表，以"敏感性-特异性"的格式整理数据，表中第一列为测试算例名称，第二列为算例序列长度，第三列为 ProbKnot 算法的"敏感性-特异性"测试数据，第四列为 Mfold 的"敏感性-特异性"测试数据，第五列为 HotKnots 算法的"敏感性-特异性"测试数据，第六列为本书算法"敏感性-特异性"的测试数据。如表 7.1 所示。

表 7.1　实验结果对比表

Name	Length	ProbKnot	Mfold	HotKnots	GA
Mengo_PKB	24	44-60	37-60	43-60	100-100
BVQ3_UPD-PKc	24	100-90	67-100	67-100	100-90
EMCV-R_PKC	25	67-100	0-0	67-100	100-100
BMV3_UPD-PK4	26	100-100	67-100	100-90	100-100
T4-gene32	28	64-88	64-88	100-100	100-100
FMDV-A_PKⅡ	29	100-89	50-100	100-100	100-100
HAV_PK2	29	63-83	0-0	100-100	100-100
Ec_PK1	30	64-70	0-0	100-100	100-100
CMMV_psiA	31	50-46	50-100	100-100	100-100
SBWMV1_UPD-PKc	31	46-56	45-83	100-100	100-100
HAV_PK1	33	58-88	58-100	100-86	100-92
HPeV1	35	82-100	55-100	100-100	100-100
BSBV3_UPD-PKb	36	50-100	50-100	100-100	100-100
antiHIV1-RT_1.1	37	73-100	45-100	100-100	100-100
TEV_PK1	37	46-63	45-63	45-63	82-100
CABYV	39	0-0	0-0	0-0	100-100
APLV	40	67-60	67-60	56-46	67-86
IPCV1	40	63-56	63-56	100-80	100-100
EMV	41	67-67	63-56	63-42	67-67
BChV	41	50-67	50-40	100-80	88-100
PEMV	41	60-100	60-100	100-91	90-82
ScYLV	42	63-83	63-63	100-73	66-83
KYMV-BP	42	67-60	67-60	67-60	67-60
CrPV_IRES-PKI	45	64-75	64-75	79-73	57-57
Ec_16S-PK505/526	46	73-69	73-69	73-69	87-93
Ec_PK3	46	64-100	64-90	64-90	79-73

Name	Length	ProbKnot	Mfold	HotKnots	GA
NGF-H1	48	65-92	65-100	100-100	65-100
BWYV	50	56-100	56-56	100-90	56-56
FIV	50	46-71	45-71	100-85	45-56
Ec_PK4	52	68-100	68-100	68-100	68-87
SRV1_gag/pro	52	0-0	0-0	100-92	50-50
EIAV	54	50-36	40-29	56-46	60-55
CuYV1	56	80-70	80-92	73-100	82-91
biotin-PK	57	58-58	58-44	58-44	58-54
BEV	58	42-58	69-65	69-65	44-61
Hs_Ma3	59	69-73	69-61	100-94	69-65
BaEV	62	0-0	0-0	0-0	40-40
PSIV_IRES-PKIII	64	77-65	81-85	76-84	76-65
SCFaV	66	74-85	74-94	74-94	74-94
Mm_Edr	66	53-59	53-63	100-86	100-86
Ec_S15	67	59-56	59-63	59-48	59-53
Lp_PK2	68	0-0	0-0	0-0	18-18
VMV	68	50-41	50-41	63-70	93-76
MIDV	70	35-60	0-0	100-100	41-50
SESV	70	42-32	42-32	42-35	58-79
PRRSV-LV	71	63-57	63-55	63-71	63-57
PRRSV-16244B	72	63-52	0-0	100-76	63-63
ALFV	77	59-42	65-46	100-71	65-58
JEV	77	50-42	45-41	90-75	65-59
MVEV	80	56-37	50-39	100-72	100-100
USUV	80	61-36	50-39	100-72	61-48
SARS-CoV	82	33-33	69-62	73-73	73-73
BCRV1	98	80-77	80-80	93-80	93-80
APLPV3	106	86-91	83-91	84-93	78-82
Ec_alpha	108	50-31	45-29	45-29	50-67
FCiLV3	109	81-92	46-46	73-73	84-82
AMV3	113	87-83	84-86	84-86	82-89
BBMV3	116	82-82	80-82	81-81	54-58
RSV	128	74-76	74-76	97-82	74-74
CCMV3	134	84-79	58-69	67-87	84-79

从表 7.1 可以看出，在分子序列较短的情况下，本书的算法无论是敏感性还是特异性，基本上都能够达到100%，准确性要明显地优于 ProbKnot 和 Mfold 算法，HotKnots 算法在短序列上的表现也十分优秀。随着序列的逐渐增加，各个算法敏感性和特异性都有所下降，但是本书的算法仍然表现良好，与 HotKnots 算法基本齐平，领先于 ProbKnot 和 Mfold 算法。

第8章 基于CUDA的并行遗传算法预测核酸分子二级结构的研究

遗传算法的搜索过程是由一个初始种群开始的，并不是从一个单点到另一个单点的单向搜索过程，这体现了其内在的并行性。但即使在这种内在并行性下，对于长序列分子的二级结构预测，计算仍然非常耗时，所以本书利用CUDA平台，进一步将算法并行，使算法的计算过程分布到诸多线程中，以求算法效率最大化。

本章通过分析本书算法中的可并行部分，借助CUDA平台将交叉遗传、变异、适应度评价等过程并行化，以此来提高算法效率，有效地解决长序列分子计算时间长的问题，同时给出串行算法和并行算法的计算时间对比结果，通过加速比可以看出，并行后本书算法的效率有很大提高。

8.1 并 行 算 法

8.1.1 适应度函数

在第7章中，本书算法在种群初始化和交叉变异完成后会对个体进行适应度评价，这是一个串行的过程。事实上，算法中可以有多个线程同时来进行交叉和变异过程，故整个评价过程也是可以并行化的，即算法中每个线程块均被用来评价个体，以此来提高算法效率。适应度函数的设计与第7章中提到的适应度函数一致，以茎区的长度和环区的自由能代替传统的最小自由能，在避免了复杂的最小自由能计算的同时，也考虑了二级结构中各个部分的影响。整个过程的伪代码如算法8.1所示：

算法 8.1　并行评价个体算法

输入: population P
输出: each individual's fitness
伪码:
```
1:    for each thread in parallel
2:    in thread #i:
3:      population[i].fitness=CaculateFitness(i);
4:    endfor
```

在并行的个体适应度值计算中，每个个体的适应度值是调用 kernel 函数实现的，即这个过程在 GPU 中进行，具体流程如图 8.1 所示。

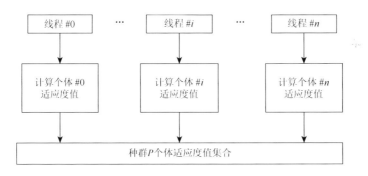

图 8.1　并行计算个体适应度值流程图

8.1.2　种群的初始化

种群的初始化是针对一个给定的序列得出一个二级结构集合的过程，不同于个体的交叉变异，本书算法的搜索起点是一个单一的初始种群，并不需要通过并行来产生多个初始种群，故种群的初始化过程不需要并行，因为每一个序列的初始种群只有一个，所以本书算法仍然将这个过程放在 CPU 中进行，结合本书在第 7 章提到的种群初始化和优化的内容，这里总结性地阐述在 CPU 中进行的任务分为以下几步：

（1）输入一个核酸序列 S，得到碱基的编号集合 $O(S)$；

（2）建立记录队列 LA，$M(S)$，使得 LA = $O(S)$，$M(S)$ = LA；

（3）建立匹配集合的队列 LB；

（4）从 LA 中随机选取一个值 i，在对应的 LB[i]中随机选取一个值 j，若 j 不为 null，则在 $M(S)$ 上交换位置 i 和位置 j 的值，并将其从 LA 中移除；否则直接在 LA 中将 i 移除；

（5）重复上一步，直到 LA 为空；

（6）检查种群中个体的结构，延长茎区；

（7）将优化后的茎区按照长度由长到短排序；

（8）从最长的茎区开始，首先归类为 positive pair，若与已经存在的 positive pair 有冲突，则归类为 negative pair，若还有冲突，则归类为 invalid pair，并舍弃 invalid pair；

（9）重复上一步，直到所有的茎区归类完毕。

本书将上述步骤用流程图表示，如图 8.2 所示。

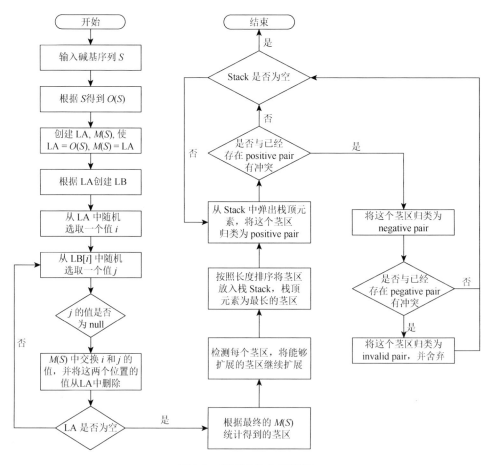

图 8.2　种群初始化流程图

种群初始化算法的伪码如算法 8.2 所示。

算法 8.2　初始化种群算法

输入：molecule's sequence S
输出：sequence M(S) representing the secondary structure
伪码：
```
1:    setInitSize( );
2:    for i=0 to initialSize-1
3:       LA=O(S);M(S)=LA;
4:       createLB(LA);
5:       while LA is not empty
6:          i=randomChoose(LA);
7:          m=getValue(randomChoose(LB[i]));
8:          if m !=null
9:             exchange i and m in M(S);
10:             remove i and m from LA;
11:          else
12:             remove i from LA;
13:          endif
14:       endwhile
15:       pairs=getPairs(M(S));
16:       descendingOrder(pairs);
17:       put pairs into stack;
18:       while stack is not empty
19:          currentPair=stack.pop( );
20:          if !hasConfictWithPositivePair
21:             positivePairs.add(currentPair);
22:          else if !hasConfictWithNegativePair
23:             negativePairs.add(currentPair);
24:          else
25:             invalidPairs.add(currentPair);
26:          endif
27:       endwhile
28:    endfor
```

8.1.3　并行选择算子

选择算子的作用是根据一定规则从种群中选择个体，在第 7 章中本书算法在初始化种群后，每次从种群中选择两个个体，然后进行交叉变异，整个过程串行执行。通过分析可以发现，这个过程也可以并行执行，即使每个线程块同时从种群中选择两个个体，然后在线程内部同时进行交叉变异。故这里将选择算子并行化，放在 kernel 函数中进行，而选择算子依然采用轮盘赌算法。并行选择算子的伪代码如算法 8.3 所示。

算法 8.3　并行选择算子

输入：population P
输出：selected individuals
伪码：

```
1:   sumselect=0.0;
2:   index=idx+initialPopulationSize * idy;
3:   for i=0 to populationSize-1;
4:      if sumselect<pick[index]
5:         sumselect+=scaled[i]/sum_fitness[0];
6:      else
7:         break;
8:      endif
9:      selectedIndividual[index]=i-1;
10:  endfor
```

8.1.4　并行交叉算子

在 8.1.3 节中，通过并行选择算子，本书算法使每个线程都同时从种群中选择合适的个体，在选择完成后，每个线程可以单独地继续执行交叉过程，从而使交叉过程并行进行，提高算法效率。故本书将 7.1.7 节中介绍的交叉算子也交由 GPU 处理，使每个 kernel 函数都来执行这个交叉算子，伪代码如算法 8.4 所示。

算法 8.4　并行交叉算子

输入：parentA,parentB
输出：childA,childB
伪码：

```
1:   for all n threads in parallel
2:   in thread #i
3:      p=randomGenerate( );q=randomGenerate( );
4:      pairsA=getPairsBetweenPandQFrom(parentA);
5:      pairsB=getPairsBetweenPandQFrom(parentB);
6:      childA=insert pairsB into parentA from p to q;
7:      childB=insert pairsA into parentB from p to q;
8:      if hasConflictPairs
9:         remove conflictParis from childA or childB;
10:     endif
11:  endfor
```

8.1.5 并行变异算子

本书算法使每个线程都独立地对个体进行交叉遗传操作，同样地，每个线程也可以独立地对个体进行变异操作，从而使得变异过程并行化。我们对每个个体分配一个线程，将变异过程并行进行，如果当前产生的随机概率 $P_{ran}<P_{mutation}$，则按照第 7 章的变异算子进行变异操作，伪代码如算法 8.5 所示。

算法 8.5 并行变异算子

输入：individuals
输出：individualMs after mutation
伪码：

```
1:    for all n threads in parallel
2:    in thread #i
3:       p=randomGenerate( );q=randomGenerate( );
4:       if p pairs with q
5:         selection=random 0 or 1;
6:           if selection=1
7:             set p not pair with q;
8:           endif
9:         else
10:          selection=random 0 or 1;
11:            if selection=1
12:              set p pair with q;
13:            endif
14:          endif
15:      endfor
```

8.2 算 法 描 述

借助 CUDA 平台，本书将第 7 章介绍的算法部分并行化。因为种群初始化是由一个给定序列产生一个种群的过程，并且其中包含了复杂的个体优化，而 CUDA 并不适合过于复杂的处理过程，所以我们将其放在 CPU 中进行。而对于算法中的其他过程，如选择、交叉、变异等，我们将其并行化，交由 GPU 进行计算，提高算法效率，从而使整个算法在 CPU + GPU 的架构下运行。整个算法的流程图如图 8.3 所示。

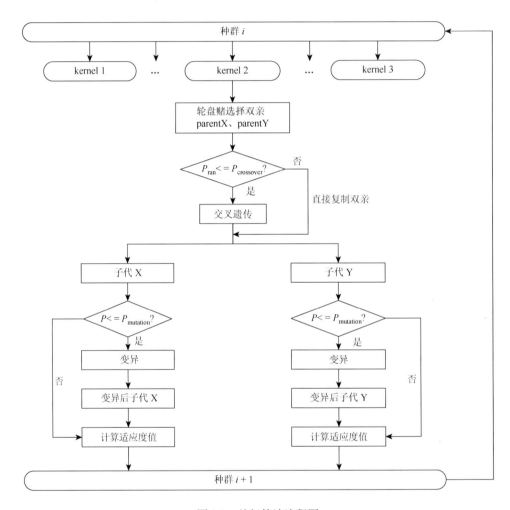

图 8.3　并行算法流程图

8.3　实验结果与分析

将算法部分并行化后，本书将第 7 章中串行算法所运行的算例并行化运行，统计结果相同时算法所花费的时间，实验结果如表 8.1 所示。表的前两列是算例的名称和分子序列长度，第三列是串行算法所花费的时间，第四列是并行算法所花费的时间，第五列是并行算法相对于串行算法的时间提升加速比。

表 8.1　实验结果对比表

Name	Length	CPU/s	GPU/s	Time Up/s
Mengo_PKB	24	1.655	1.411	1.17
BVQ3_UPD-PKc	24	2.047	1.432	1.43
EMCV-R_PKC	25	2.268	1.503	1.51
BMV3_UPD-PK4	26	2.368	1.686	1.41
T4-gene32	28	2.414	1.674	1.44
FMDV-A_PK II	29	2.494	1.695	1.47
HAV_PK2	29	2.302	1.487	1.55
Ec_PK1	30	2.894	1.706	1.69
CMMV_psiA	31	3.041	1.732	1.76
SBWMV1_UPD-PKc	31	2.911	1.714	1.69
HAV_PK1	33	3.414	1.757	1.94
HPeV1	35	3.998	1.732	2.31
BSBV3_UPD-PKb	36	5.076	1.805	2.81
antiHIV1-RT_1.1	37	5.061	1.995	2.54
TEV_PK1	37	4.555	1.863	1.69
CABYV	39	5.032	2.036	2.47
APLV	40	5.189	2.597	1.99
IPCV1	40	4.382	2.147	2.04
EMV	41	5.371	2.621	2.04
BChV	41	5.061	2.605	1.94
PEMV	41	5.086	2.763	1.84
ScYLV	42	6.231	2.884	2.16
KYMV-BP	42	6.634	2.635	2.52
CrPV_IRES-PKI	45	6.804	2.506	2.72
Ec_16S-PK505/526	46	7.255	2.948	2.46
Ec_PK3	46	7.895	3.148	2.51
NGF-H1	48	7.767	2.874	2.70
BWYV	50	9.528	4.511	2.11
FIV	50	10.112	4.876	2.07
Ec_PK4	52	10.278	5.547	1.85
SRV1_gag/pro	52	10.302	5.968	1.73
EIAV	54	13.396	6.878	1.95

续表

Name	Length	CPU/s	GPU/s	Time Up/s
CuYV1	56	14.476	8.699	1.66
biotin-PK	57	14.834	7.774	1.91
BEV	58	18.671	11.014	1.70
Hs_Ma3	59	18.618	16.035	1.16
BaEV	62	25.649	22.952	1.12
PSIV_IRES-PKⅢ	64	40.352	25.805	1.56
SCFaV	66	36.932	19.476	1.90
Mm_Edr	66	49.683	16.358	3.04
Ec_S15	67	55.085	28.027	1.97
Lp_PK2	68	78.581	39.502	1.99
VMV	68	68.087	33.555	2.03
MIDV	70	89.312	40.364	2.21
SESV	70	97.852	55.575	1.76
PRRSV-LV	71	133.574	59.063	2.26
PRRSV-16244B	72	148.982	54.125	2.75
ALFV	77	144.887	49.758	2.91
JEV	77	132.782	38.098	3.49
MVEV	80	183.169	87.847	2.09
USUV	80	154.519	78.567	1.97
SARS-CoV	82	171.961	82.332	2.09
BCRV1	98	195.281	99.355	1.97
APLPV3	106	272.358	97.863	2.78
Ec_alpha	108	288.123	102.349	2.82
FCiLV3	109	360.648	96.033	3.76
AMV3	113	358.573	93.331	3.84
BBMV3	116	582.511	132.559	4.39
RSV	128	495.117	102.004	4.85
CCMV3	134	685.877	155.847	4.40

分析表 9.1 我们可以看出，同样的算例，运行出同样的结果，将算法部分并行化后，运行效率基本上都有了成倍的提高。

参 考 文 献

[1] ADLEMAN L M. Molecular computation of solutions to combinatorial problems [J]. Science，1994，266（5187）：1021-1024.

[2] 朱玉贤，李毅，郑晓峰. 现代分子生物学[M]. 北京：高等教育出版社，2013.

[3] J.D.沃森. 基因的分子生物学[M]. 北京：科学出版社，2015.

[4] HARTEMINK A J，GIFFORD D K，KHODOR J. Automated constraint-based nucleotide sequence   selection for DNA computation.[J]. Biosystems，1999，52（1–3）：227-235.

[5] PENCHOVSKY R，ACKERMANN J. DNA library design for molecular computation [J]. Journal of Computational Biology，2003，10（2）：215-229.

[6] FRUTOS A G，LIU Q，THIEL A J，et al. Demonstration of a word design strategy for DNA computing on surfaces.[J]. Nucleic Acids Research，1997，25（23）：4748-4757.

[7] FELDKAMP U，Saghafi S，Banzhaf W，et al. DNA sequence generator-a program for the construction of DNA sequences[C]//revised papers from the，international workshop on Dna-based computers：dna computing. Springer-Verlag，2001：23-32.

[8] MARATHE A，CONDON A E，CORN R M. On combinatorial DNA word design.[J]. Journal of Computational Biology，2001，8（3）：201-219.

[9] TANAKA，FUMIAKI，NAKATSUGAWA，et al. Developing support system for sequence Design in DNA computing[C]//Dna Computing，International Workshop on Dna-Based Computers，Dna7，Tampa，Florida，Usa，June 10-13，2001，Revised Papers. DBLP，2001：129-137.

[10] DEATON R，CHEN J，BI H，et al. A software tool for generating non-crosshybridizing libraries of DNA oligonucleotides[C]//Revised Papers From the International Workshop on Dna Based Computers：Dna Computing. Springer-Verlag，2002：252-261.

[11] DEATON R，GARZON M，MURPHY R C，et al. Reliability and efficiency of a DNA-Based computation [J]. Physical Review Letters，1998，80（417）：417-420.

[12] ZHANG B T. Molecular algorithms for efficient and reliable DNA computing [J]. Issues in Supply Chain Scheduling & Contracting，1998，16（138）：1-4.

[13] ARITA M，NISHIKAWA A，HAGIYA M，et al. Improving sequence design for DNA computing[C]//Conference on Genetic and Evolutionary Computation. Morgan Kaufmann Publishers Inc. 2000：875-882.

[14] SHIN S Y，KIM D M，LEE I H，et al. Evolutionary sequence generation for reliable DNA

computing[C]//Evolutionary Computation，2002. CEC '02. Proceedings of the 2002 Congress on. IEEE，2002：79-84.

[15] SHIN S Y，LEE I H，KIM D，et al. Multiobjective evolutionary optimization of DNA sequences for reliable DNA computing[J]. IEEE Transactions on Evolutionary Computation，2005，9（2）：143-158.

[16] XU C，ZHANG Q，WANG B，et al. Research on the DNA sequence design based on GA/PSO algorithms[C]//The，International Conference on Bioinformatics and Biomedical Engineering. IEEE，2008：816-819.

[17] KURNIAWAN T B，KHALID N K，IBRAHIM Z，et al. Evaluation of ordering methods for DNA sequence design based on ant colony system[C]//Second Asia International Conference on Modelling & Simulation. IEEE Computer Society，2008：905-910.

[18] KURNIAWAN T B，KHALID N K，IBRAHIM Z，et al. Sequence design for direct-proportional length-based DNA computing using population-based ant colony optimization[C]//Iccas-Sice. IEEE，2009：1486-1491.

[19] WANG Y，SHEN Y，ZHANG X，et al. DNA codewords design using the improved NSGA-Ⅱ algorithms[C]//International Conference on Bio-Inspired Computing，2009. Bic-Ta. IEEE，2009：1-5.

[20] ZHANG Q，WANG B，WEI X，et al. DNA word set design based on minimum free energy[J]. IEEE Trans Nanobioscience，2010，9（4）：273-277.

[21] MUHAMMAD M S，SELVAN K V，MASRA S M W，et al. An improved binary particle swarm optimization algorithm for DNA encoding enhancement[C]//Swarm Intelligence. IEEE，2011：1-8.

[22] IBRAHIM Z，KHALID N K，LIM K S，et al. A binary vector evaluated particle swarm optimization based method for DNA sequence design problem[C]//Research and Development. IEEE，2012：160-164.

[23] MANTHA A，PURDY G，PURDY C. Improving reliability in DNA-based computations[C]// IEEE，International Midwest Symposium on Circuits and Systems. IEEE，2013：1047-1050.

[24] CHAVES-GONZÁLez J M，VEGA-Rodríguez M A，GRANADO-CRIADO J M. A multiobjective swarm intelligence approach based on artificial bee colony for reliable DNA sequence design [J]. Engineering Applications of Artificial Intelligence，2013，26（9）：2045-2057.

[25] CHAVES-GONZÁLEZ J M，VEGA-RODRÍGUEZ M A. A multiobjective approach based on the behavior of fireflies to generate reliable DNA sequences for molecular computing [J]. Applied Mathematics & Computation，2014，227（2）：291-308.

[26] CHAVES-GONZÁLEZ J M，Vega-Rodríguez M A. DNA strand generation for DNA computing by using a multi-objective differential evolution algorithm[J]. Bio Systems，2014，116（3）：

49.

[27] 胡娟，李冬，张丽丽. 基于人工鱼群遗传算法的 DNA 编码优化[J]. 安徽理工大学学报（自然科学版），2014（1）：56-60.

[28] 郑学东. 基于聚类小生境遗传算法的 DNA 编码优化[J]. 计算机工程，2015，41（2）：135-140.

[29] PENG X，ZHENG X，WANG B，et al. A micro-genetic algorithm for DNA encoding sequences design[C]//International Conference on Control Science and Systems Engineering. IEEE，2016：10-14.

[30] 杨改静. 基于改进入侵杂草算法的 DNA 编码研究[D]. 大连：大连大学，2016.

[31] 谭莉，应石. 多目标优化机制下 DNA 编码序列模型[J]. 计算机工程与应用，2016，52（15）：34-37.

[32] SHAKHARI S，GHOSAL P，SARKAR M. A provably good Method to generate good DNA sequences[C]//IEEE International Symposium on Nanoelectronic and Information Systems. IEEE，2017.

[33] TAHIR M，SARDARAZ M，IKRAM A A. EPMA：Efficient pattern matching algorithm for DNA sequences [J]. Expert Systems with Applications，2017，80：114-119.

[34] HEITSCH C E，CONDON A E，HOOS H H. From RNA Secondary Structure to Coding Theory：A combinatorial approach[C]//Revised Papers From the，International Workshop on Dna Based Computers：Dna Computing. Springer-Verlag，2002：215-228.

[35] KHALID N K，KURNIAWAN T B，IBRAHIM Z，et al. A model to optimize DNA Sequences based on particle swarm optimization[C]//Second Asia International Conference on Modelling & Simulation. IEEE Computer Society，2008：534-539.

[36] ZHANG H，LIU X. Improved genetic algorithm for designing DNA sequences[C]//International Symposium on Electronic Commerce and Security. IEEE，2009：514-518.

[37] CUI G，LI X. The optimization of DNA encodings based on modified PSO/GA algorithm[C]//International Conference on Computer Design and Applications. IEEE，2010：V1-609-V1-614.

[38] XIAO J，CHENG Z. DNA sequences optimization based on gravitational search algorithm for reliable DNA computing[C]//Sixth International Conference on Bio-Inspired Computing：Theories and Applications. IEEE，2011：103-107.

[39] MUSTAZA S M，ABIDIN A F Z，IBRAHIM Z，et al. A modified computational model of ant colony system in DNA sequence design[C]//Research and Development. IEEE，2012：169-173.

[40] IBRAHIM Z，KHALID N K，BUYAMIN S，et al. DNA sequence design for DNA computation based on Binary particle swarm optimization[J]. International Journal of Innovative Computing Information & Control Ijicic，2012，5（5）：3441-3450.

[41] IBRAHIM Z，JUSOF M F M，TUMARI M Z M. Ant colony optimization with unified nearest-neighbour thermodynamic parameter for DNA sequence design in DNA computing[C]//International Conference on Soft Computing and Machine Intelligence. IEEE，2015：5-9.

[42] CHAVES-GONZ，Lez J M. Hybrid multiobjective metaheuristics for the design of reliable DNA libraries [M]. Dordrecht：Kluwer Academic Publishers，2015.

[43] 刘兰霞. 多目标粒子群优化算法研究[D]. 长沙：湖南科技大学，2010.

[44] PARSOPOULOS K E，VRAHATIS M N. Recent approaches to global optimization problems through Particle Swarm Optimization [J]. Natural Computing，2002，1（2-3）：235-306.

[45] 张玮,赵清华,李化,等. 离散 PSO 算法动态性能分析及参数选择[J]. 系统仿真学报,2010,22（8）：1899-1904.